世界史就是一部化学史

超有趣的化学入门

（日）左卷健男　著

于晓娇　译

全国百佳图书出版单位

化学工业出版社

·北京·

ZETTAINI OMOSHIROI KAGAKU NYUMON SEKAISHI WA KAGAKU DE DEKITEIRU

by Takeo Samaki
Copyright © 2021 Takeo Samaki
Simplified Chinese translation copyright ©2022 by Beijing ERC Media,Inc.
All rights reserved.
Original Japanese language edition published by Diamond, Inc.
Simplified Chinese translation rights arranged with Diamond, Inc. through Shinwon Agency Co.

北京市版权局著作权合同登记号：01-2022-1660

图书在版编目(CIP)数据

世界史就是一部化学史：超有趣的化学入门 /（日）左卷健男著；于晓娇译. 一北京：化学工业出版社，2022.9 （2024.8重印）
ISBN 978-7-122-42166-1

Ⅰ.①世… Ⅱ.①左…②于… Ⅲ.①化学史－世界－普及读物 Ⅳ.①O6-091

中国版本图书馆CIP数据核字（2022）第170320号

责任编辑：郑叶琳　张焕强　　　文字编辑：师明远
责任校对：王鹏飞　　　　　　　装帧设计：溢思视觉设计 ／ 李申

出版发行：化学工业出版社
　　　　　（北京市东城区青年湖南街13号　邮政编码100011）
印　　装：三河市双峰印刷装订有限公司
880mm×1230mm　1/32　印张 7¾　字数 172 千字
2024 年 8 月北京第 1 版第 4 次印刷

购书咨询：010 - 64518888
售后服务：010 - 64518899
网　　址：http: // www.cip.com.cn
凡购买本书，如有缺损质量问题，本社销售中心负责调换。

定　　价：59.00元　　　　　　　　　　版权所有　违者必究

前言

　　"从原始火把到石蜡蜡烛，这一路无比漫长。这二者之间的差异之大也让人无法想象。可以说，夜晚照明方式的变革，也是人类文明进程的一个缩影。"

　　英国化学家迈克尔·法拉第（1791—1867）在其著作《蜡烛的故事》的序言中这样写道。化学伴随着人类构筑文明，共同走过历史的长河。

　　"火"这一化学现象我们都不陌生。

　　在世界史（人类史）中，人类了解到的第一个化学现象，大概就是"火"。火是一种激烈的化学现象，是"燃烧"这一化学反应的外在表现。原始人类也许和其他动物一样，对于自然野火和山火怀有一种畏惧心理，所以不敢轻易靠近。

　　但是，我们人类的祖先成功战胜了这份畏惧——他们靠近火，"玩"火，甚至

法拉第

开始利用火。这也是我们人类好奇心的体现。他们大概是通过反复地接近、接触以及实际使用，才认识到了火的"实用性"。

距今约七百万年前，出现了可以直立行走的猿人，这便是早期猿人。早期猿人通过双脚直立行走，身体可以从下方支撑头部，"前足"得到解放变成了手。人类灵活的"前足"——手开始能够使用石头、骨头、木头等制造工具，这些都刺激着大脑的发育，使脑容量不断增大。渐渐地，他们学会制作更复杂的工具，从而也掌握了取火技术，还制造出了火炉，以便随时随地使用火。

除了取暖、照明、捕猎、刀耕火种等直接利用的方法外，火还被用于烧制陶器、烹饪、冶炼金属以及金属的加工利用。但是，"火"在给人们的生活带来便利的同时，也会对森林造成破坏，使自然环境和景观发生翻天覆地的变化。

大约五千年前，"四大文明"诞生了。在印度河流域诞生的古印度文明，城市中出现了用火砖建造的砖瓦路、排水系统、大澡堂、城市要塞和谷物仓库群，这些火砖按照统一规格烧成。但是，为了制造城市建设所需要的火砖，人类对印度河流域的树木乱砍滥伐，使得森林遭到严重破坏。土壤遭到风雨的侵蚀后，肥力下降，到公元前 1800 年左右，这里变得一片荒芜。这导致收成减少，军队粮食供给不足，之后便遭受到了外部的攻击。

不久后，人类终于掌握了"冶炼"这一化学技术，能够从金属矿石中获得金属。尤其是铁，它是如今铁器文明延长线上最重要的物质。比起从铜矿中提炼铜，从铁矿石中提炼铁需要更高的温度，同时还需要更高超的技术去加工提炼出的铁。

随着"钛"等新金属的登场，金属材料的世界变得愈加丰富，不过主力军还是钢铁（以铁为主要成分的金属材料的总称）。钢铁资源丰富，且硬度高，自古以来就被用于制作武器、工具（凿子和锯等）、农具（铁锹和锄头等），对历史发展起到了关键性作用。

接下来，我想简单介绍一下"化学到底是什么"。

我们生活的世界是由物质构成的。我们的身边存在着水、空气、土壤、石头、金属、纸、玻璃、药品、塑料、橡胶、纤维等无数的物质。

随着化学的不断发展，人们通过研究物质的构造（构成物质的原子、分子、离子的组合）、性质和化学反应（产生新物质的变化即化学变化），创造出了越来越多的新物质，也使我们的生活更加便利。

化学是一门"以物质为研究对象的自然科学"。物质也被称作"化学物质"。化学主要研究物质的"性质"、"结构"以及"化学反应"三个部分。它们是化学的三个支柱，彼此相互关联。

首先，人们研究物质的性质和结构，以其研究结果为基础创造新的物质。一切物质都是由原子构成的。同一种类的原子也可以被统称为元素。天然存在的原素大约有 90 种。各种元素的原子通过结合构成多种物质。

考古学上，有一种观点认为，在文字出现之前，可以根据人类工具使用的物质和材料的不同，将历史进程分为"石器时代"、"青铜器时代"和"铁器时代"三个时期。石器和金属的使用对世界历史的发展具有深远影响。

随着时间的推移，由生活于约 20 万年前的非洲的智人进化而来的人类，创造出了火（能源）、衣物、住宅、建筑、道路、桥梁、铁路、船舶、汽车等。借助于这些，人类领先于世界其他物种。人类文明的基础是"化学"的进步和化学成果所带来的物质材料。一直以来，我们通过化学知识和技术创造出了许多本不存在的物质。

本书的第一～三章，将会介绍在古希腊艺术、思想、学术百花齐放的时代，自然科学和化学是如何产生的，并在讲述许许多多天才化学家的有趣经历的同时，介绍化学的基本观点，以及原子论、元素、元素周期表等是如何出现的。

从第四章开始到最后一章，将会围绕火、食物、酒精、陶瓷、玻璃、金属、染料、药物研发、炸药、核武器等是如何影响人类的发展历史的展开介绍。

左卷健男

目录

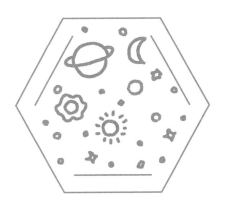

第一章

世界万物

都是由什么

构成的

费曼的提问

费曼

美国加州理工学院的著名物理学家理查德·菲利普斯·费曼教授（1918—1988）曾在《费曼物理学讲义I：力学》（日本岩波书店出版）一书中写道：假设现在出现了类似于史前大洪水那样的巨大灾难，我们失去了一切科学知识，只有一篇文章可以传给下个时代的生物，该如何用最少的字数去尽可能传达最多的信息呢？

面对这样一个科幻小说式情景设定的提问，你会怎样回答呢？

针对这个问题，费曼在物理学教科书的开头这样回答：

"世界万物都是由原子构成的。"

一切东西（物质）都是由原子构成的。环顾四周，从桌子、椅子、书、笔记本电脑这样的固体，再到液体，比如拧开水龙头后流出的水，一切物质都是由原子构成的。而填充于我们周围的空气也不例外。组成这些物质的原子的数量之多，令人难以想象。

根据宇宙大爆炸理论，宇宙起源于约138亿年前，太阳系大约形成于46亿年前。构成太阳系的原子并不仅仅是在宇宙大爆炸时期形成的氢原子和氦原子，还有许多原子在太阳系形成之前，也就是新星爆炸时期就形成了。

俯瞰整个宇宙，在众多行星中，地球并不大，因此，它的引力也相对较弱，所以很难将易转化为气体的成分吸引到引力圈中。另外，由于地球距离太阳较近，所以构成地球的材料中，大多是岩石状的物体或金属（铁等），几乎没有易挥发的物质。

另外，太阳系中存在的所有元素，按照含量从多到少的顺序前五位依次是：氢、氦、氧、碳、氖。地球中最多的五种元素的含量从多到少则为：铁、氧、硅、镁、镍。

铁元素在地球中含量最多，它也是位于地球中心的地核的主要成分。第二多的氧元素则转化成气体，和硅、镁、铁、铝等元素共同形成氧化物作为岩石存在。

出现在地球上的生物，在水中长时间不断进化，终于，其中的一部分登上了陆地，其中的一种演变成了人类。所有构成生物体的原子也是构成地球的原子。跟随着那些原子的足迹就可以追溯到新星爆炸和宇宙大爆炸。换句话说，我们人类是星星的后代。

构成我们身体的原子中，也许大约有十亿个原子曾经构成了埃及艳后克利奥帕特拉七世的身体，又或许还有十亿个原子来自释迦牟尼等历史伟人。

在印度，有一个被称为印度教圣地的城市——瓦拉纳西。在那里，尸体在恒河边的马尼卡尼卡河坛火葬场里被柴火焚烧，短短两个半小时内便变成了气体、烟雾和灰烬，骨灰顺着河水流走。对于印度的印度教徒来说，火化后让自己的骨灰流入恒河大概是最理想的做法吧。

人体中有大约 60% 的部分是水。当人的遗体被焚烧后，这些水会变成水蒸气蒸发。大部分的蛋白质和脂肪也变为二氧化碳和水（水蒸气）消散。燃烧时出现的烟雾中可能含有被高温分解的物质，灰烬中则可能含有碎裂的骨头和磷酸钙，这是人体的一种矿物质成分。若是土葬，遗体则会被微生物分解。而若选择火葬，这些散布在空气和水中的原子又会在别处构成其他的物质，比如说，成为树叶的一部分、鱼身体的一部分、蟑螂身体的一部分，或是另一个人的一部分。不过，这些新去处只是原子暂时的落脚地而已。它们几乎永远不会消失，而是一直在地球上循环。构成我们身体的原子在宇宙中诞生，经过了各种各样的变化，当下这个阶段存在于我们的身体中。

宇宙 138 亿年的历史

诞生于古希腊的哲学

公元前 6 世纪到公元前 4 世纪，古希腊的艺术、思想以及学术领域，可谓是百花齐放，异常繁荣。那时希腊的学者大多是被称为哲学家的富裕人士。

哲学家们的喜悦，用古希腊语说就是"philosophia"，即"爱智慧"。比如说，假设有人在观察夜空中星星的运动时，发现了一颗星星，它和其他星星的运动方向相反。经过几天的观察后，一旦他确信了自己的发现，便会想将其与他人分享。这样一来，他与周围的人就会围绕这一发现展开知识性讨论，而找到这种乐趣的人便是哲学家。

philosophia 一词后来传到了欧洲大陆（英文写作 philosophy）。到了明治时期，在日本出现"哲学"这一日语词。用现在的话来说，古希腊的哲学家就是包括自然科学家和社会科学家在内的所有科学家的总称。

school（学校）一词实际上源于希腊语"scholē"，意思是"闲暇"。闲暇时间的愉悦便是一种哲学，渐渐地"scholē"的语义逐渐扩大，交流的时间以及场所也都包含在其中。也就是说，学校是享受知识（philosophia）的场所。

古希腊的哲学家们，有的能够精确定位天体位置，有的能够利用几何知识对土地进行测量。但是那时他们还没有形成"实验"这种科学方法。不过，他们认真仔细地观察自然界发生的一切变化，并思考各种各样的问题，成为对自然和社会领域相关知识的探索者。

世间万物都由水构成

泰勒斯（约前624—约前546）是古希腊深刻探寻"事物本源"问题的第一人。他是一位商人，乘船在地中海游历，为了将橄榄油卖到埃及而四处奔波，也由此看到了更广阔的世界。

泰勒斯有这样一个疑问：

"世界上有各种各样的东西，数不胜数，所有的一切都是由物质构成的。而物质也是千变万化的。

泰勒斯

所以最根本的一点就是物质是变化着的。明明在无休止地变化，可物质不会从无到有，也不会从有到无。也就是说，物质不会自生自灭。无限的物质不断变化，但是物质整体却不会自生自灭，这是为什么呢？"

他认为"所有的物质一定是由一个本原构成的"，于是将目光投向了水。

"水冷冻后就变成了冰，加热后就会变回原来的样子。水被加热后会变成水蒸气，遇冷则会变成水滴。河流、海洋和陆地上的水都变成了水蒸气升入天空变成了云。云中又会降落雨和雪。水的变化多种多样，但是无论变化成何种状态都不会消失。这样说来，金属的变化方式、生物体的变化方式不也和水一样吗？

"即便是外观和形状发生变化，但它们却不会消失。这不就恰好证明了，所有的物质都是由一个本原构成的吗？构成金属和生物体的本原也应该是一样的。对，那就把构成所有物质形态的'本原'称作水吧。"

这个"水"并不是现在化学中所说的"水"这种物质，只是泰勒斯将他所认为的万物的"本原"起了个名字叫作"水"而已。他认为万物的"本原"处于无休止的变化之中，并通过改变自身形态产生其他物质，不久后又再次变回原来的形态。泰勒斯这一想法的诞生，可以说与他的经历有很大的关系。他一直在东方旅居，美索不达米亚文明认为"水"是创世故事的中心，而泰勒斯长期在东方游历，因此也深受其影响。

泰勒斯的"水"激发了无数学者针对"何为万物本原"这一问题展开激烈讨论。有的人认为本原是空气，他们认为空气可压缩而且稀薄，所以可以变幻为水、土和火，进而形成整个自然界。还有的人认为，万物的本原是"火"，他们把燃烧、消失、无论何时都处于运动状态的"火"比喻成了自然界。

德谟克利特的主张

"世界万物是由什么构成的？"对于这个问题，德谟克利特（约前470—约前380）主张原子论。

德谟克利特

他和泰勒斯一样，长年在地中海周边游历。他观察各个国家的自然和人民，无论是人文风土还是历史文化都各不相同，同时还学习了各国的知识和技术。他认为，世间万物的本原是无数的粒子，每一颗粒子都无法继续分割。希腊语中，这种"无法被破坏的物质"被命名为原子。

德谟克利特还提出了另一个概念，即"虚空"。他将"虚空"起名为"kenos"，用如今现代科学的语言来说就是"真空"的意思。

他认为原子要想占据空间位置，旋转运动，必须要有虚空。

他的原子论认为，简单来说，"万物是由原子和虚空构成的，别无他物"。

德谟克利特认为，无数的原子在除原子之外一无所有的空间中进行无休止的激烈运动，互相碰撞，形成旋涡，一个原子和另外的几个原子结合在一起，并形成一个整体，这个整体在某个时间点又突然破裂，变回原来个体的原子。只要改变原子的排列组合方式，就可以构成不同种类的新物质。万物都是由原子相互组合构成的，火、空气、水和土也不例外。

据说他写了73卷著作，但是一册也没能保留下来。这是因为当时他提出了一个大胆的看法，认为就连人类的魂魄也是由质轻且活跃的原子构成的，这并不是神的指示，而是由支配原子运动的自然界的准则决定的。如果构成人身体的原子各自分离的话，人的魂魄也会破散。也就是说根本没有神的存在。这一主张被认为是在蔑视神灵，而遭到了统治阶层的攻击，他的书也全被烧毁。我们目前能够得知的一切有关德谟克利特的知识，主要都是反对原子论的哲学家们将他的观点写在自己的书中保留下来的。

原子论和快乐主义

有一位学习德谟克利特原子论的年轻古希腊哲学家叫作伊壁鸠鲁（前341—前270）。他在35岁的时候建立了自己的学校，命名为"伊壁鸠鲁花园"，面向包括女性、儿童和奴隶在内的所有人开放。

伊壁鸠鲁著有多部著作，但是留存下来的仅有几部。

他基于原子论，提出了快乐主义，认为"快乐是人生的目的"。他所说的快乐并不是指放荡享乐，而是追求心灵的安宁，一种身体没有痛苦，灵魂不受干扰的宁静状态。

伊壁鸠鲁主张："死亡是构成我们身体和灵魂的原子的解体。我存在时，死亡便不存在；死亡存在时，我便已消逝。"

"快乐主义"这一说法的由来是，当时伊壁鸠鲁遭到了信奉禁欲主义的斯多葛学派的批判，并被贴上了"伊壁鸠鲁不畏惧神，他是只追求快乐的快乐主义者"的标签。不过实际上，"快乐主义"是原子论式的人生观的一种展开而已。

伊壁鸠鲁

不久后，欧洲的文化中心转移到了地中海南岸的亚历山大。公元前70年左右，有一位叫作卢克莱修（前99—前55）的诗人，他将伊壁鸠鲁的原子论以叙事诗的形式表现出来。这首诗非常长，相当于三本书的篇幅。

以下是开头部分：

人所共见的在宗教的重压底下，
而她则在天际昂然露出头来
用她凶恶的脸孔怒视人群的时候——
是一个希腊人首先敢于
抬起凡人的眼睛抗拒那个恐怖；
没有什么神灵的威名或雷电的轰击
或天空的吓人的雷霆能使他畏惧；
相反地它更激起他勇敢的心，
以愤怒的热情第一个去劈开
那古老的自然之门的横木，
就这样他的意志和坚实的智慧战胜了；
就这样他旅行到远方，
远离这个世界的烈焰熊熊的墙垒，
直至他游遍了无穷无尽的大宇。
然后他，一个征服者，向我们报道
什么东西能产生，什么东西不能够，
以及每样东西的力量
如何有一定的限制，
有它那永久不易的界碑。
由于这样，宗教现在就被打倒，
而他的胜利就把我们凌霄举起。①

（《物质的本质》，樋口胜彦译，岩波文库）

从德谟克利特开始的古希腊的原子论，因有伊壁鸠鲁这样优秀的后继者而得以延续。伊壁鸠鲁花园在那之后的三个世纪中也依然保存了下来。

---

① 中文译文引自《物性论》方书春译本（商务印书馆1981年出版）。——译者注

但是，之后亚里士多德（公元前384—公元前322）的"自然界厌恶真空"以及"四元素说"的理论占据主导地位，原子论长期以来一直被湮没。它的复活要等到17世纪左右。

"火、空气、水、土"的四元素说

让我们回到泰勒斯时期。在泰勒斯之后出现了一种观点，认为泰勒斯提出的万物的本原是唯一的这一说法存在不合理之处。

恩培多克勒（约前490—约前430）将万物的本原设定为火、空气、水和土这四种物质，并主张"如同画家混合颜料一样，通过将这四种颜色混合便能够创造出自然界的一切"。火、空气、水、土，每一种都像泰勒斯所想的那样"不生，不灭"，无休止地变换着形态，而某一天又都会变成原来的样子。

德谟克利特去世时，亚里士多德还是个小孩子。亚里士多德提出："元素仅仅是一种第一物质（各种各样的本原）。该元素以火、空气、水、土这四种形式存在，通过热、冷、干燥、潮湿这四种性质的组合，互相转化。"

- "第一物质"中"热"和"干燥"结合形成"火"。
- "第一物质"中"热"和"潮湿"结合形成"空气"。
- "第一物质"中"冷"和"潮湿"结合形成"水"。
- "第一物质"中"冷"和"干燥"结合形成"土"。

比如说，锅中放入水，再用火加热的话，火的其中一种性质"热"与水的其中一种性质"潮湿"相结合，"第一物质"通过承接"热"和"潮湿"形成空气（实际上不是空气，而是蒸汽）后上升，水蒸发后，火性质中的"干燥"和水性质中的"冷"结合，形成土（实际上是溶于水中的钙化合物等矿物成分）。

亚里士多德的四元素说由于更加直观且易于理解，在欧洲，尤

其是 19 世纪之前，产生了巨大的
影响。

　　亚里士多德是柏拉图的弟子，
也是亚历山大大帝（前 356—前
323）做王子时期的家庭教师。
亚历山大大帝后期建立起了跨越
希腊和波斯的亚历山大帝国。大
帝十分器重亚里士多德，慷慨地
给予他研究所需要的经费。亚里
士多德还在各个领域著书，培养

亚里士多德

弟子。在当时做学问的人中甚至流传着这样一句话："亚里士多德
的话皆为真理。"其影响力可见一斑。

　　亚里士多德批判原子论，他认为："无论何物，打碎之后都会
变成微小的粒子。不存在不可以破坏的粒子。另外，真空也不可能
存在。看起来空无一物的空间里也一定充斥着某种物质。"也就是说，
他认为自然界厌恶真空。

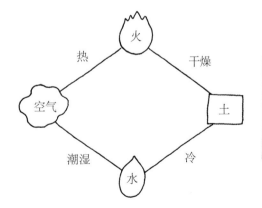

元素	性质
火	干燥，热
土	干燥，冷
水	潮湿，冷
空气	潮湿，热

亚里士多德的四元素说

四元素说与炼金术

"炼金术"是一种"化学技术",它是根据从矿石中提取金属、制成合金的技术演化而来的。在化学变化显得无比神秘的古代社会,人们期待能够将铅等贱金属转换为金,从公元前到17世纪,将近两千年间,炼金术异常繁荣。

公元前331年,亚历山大大帝占领了埃及,并在尼罗河的河口处建立了亚历山大里亚城并将其作为首都。之后的将近两个世纪左右的时间里,多种多样的文化和传统在这里融合交织,使这里成为当时世界上最大的城市。其后,托勒密一世于此建立了一座学堂,名叫"缪斯庙",众多地中海周边国家的学者慕名而来。其附属图书馆是希腊 - 罗马时代最棒的图书馆,其中以卷轴和纸莎草的形式留存下来的藏书就达七万册以上。

亚历山大里亚城被认为是炼金术的发源地。在这里有能够将尸体保存为木乃伊的防腐处理方法、染色法、玻璃制造法、彩釉陶器制作、冶金法等技术。这其中便有希腊文化中亚里士多德元素说的影响。在他们看来:"元素的性质可以改变。热可以变成冷,潮湿可以变成干燥,普通金属也可以变成黄金。"

第二章

原子

是什么

真空真的存在吗

古希腊哲学家德谟克利特的原子论主张："世界万物是由原子和真空构成的，别无他物。"也就是说，所有的东西都是由在空无一物的空间（真空）中不断运动的原子构成的。但是在当时，别说是原子，就连真空也只是存在于原子论者的大脑里，无法证明其实际存在。

而支持"原子论"说法成立的"真空存在说"也被"自然界厌恶真空"这一说法所推翻。

从"自然界厌恶真空"这一视点出发，我们设想用吸管喝杯中水的场景。虽说人们在不断吸取吸管中的空气，但是吸管中并不能达到真空的状态。因为在即将变成真空状态时，杯中的水会自动上升填补空缺的位置，所以我们才会喝到水。这样想的话，即便是用20米长的吸管，从20米高的地方喝杯中的水也是完全可以做到的。

然而，在矿石开采时不汲取从深处涌出的地下水的话，就无法挖出矿石，而用手动的水泵抽取地下水时，却发生了意想不到的事情：当矿井深度超过十米后，便无法用水泵抽水了。

解决这个问题的是托里拆利（1608—1647），他是伽利略（1564—1642）晚年的弟子。伽利略通过实验证明了空气有重量，而托里拆利认为，水之所以会通过水泵被抽取上来，是因为空气的重量会产生大气压，因为有大气压，水才会被推上来。只有当水柱因自重向下压的力小于大气压向上抬的力时，水才能被抽上来。

1634年，托里拆利不再使用水柱，而是改用比同体积的水还要

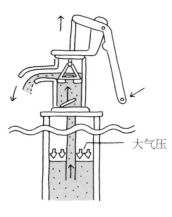

大气压

大气压将水推入水泵中

重 12.6 倍的水银进行实验。将一端封闭的玻璃管中注满水银，使封闭端朝上，开口端朝下放置。结果，玻璃管中的水银一下降落到了距离液面 76 厘米的高度。这表明，大气压能支撑水银的高度为 76 厘米。装有水银的玻璃管中虽然上部有空间剩余，但那并不是空气，因为里面本来是水银。这就说明了真空的存在（不过，从现在的科学来看，其中也含有少量的水银蒸气）。

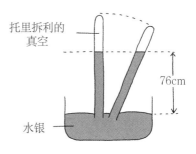

托里拆利的真空

水银

76cm

托里拆利的真空

如果实验用的不是水银而是水的话，水柱高度便是水银高度的 13.6 倍，也就是约 10 米。

用水进行托里拆利实验

据说 1647 年，24 岁的布莱士·帕斯卡 (1623—1662) 用长玻璃管和水进行了实验。而他的名字现在也被用作"压力"的单位。

我曾在理科的课堂上，用 15 米长的无色透明乙烯基软管（内径为 10 毫米），尝试复制托里拆利的实验（用水）。

在这个实验中，把软管的一端放进装有水的水桶中，使软管灌满水。另一端用橡胶塞塞住，用铁丝缠绕收紧，利用楼梯抬起软管。从十二三米高的位置垂下来一根绳子，系在橡胶塞的一端，然后向上拉绳子，当软管高度超过 9.9 米后，上面的部分就会收缩变瘪。

经过观察，水中出现了少许气泡。空气压力越大，在水中溶解的空气就会越多，所以变成低压后，原先溶解的空气就会逃出。乙烯基软管瘪下去的上部虽然还留有没能溶解的少量空气和水蒸气（饱和水蒸气），但是已经接近于真空状态。

从"真空存在"这一立场来看，我们再思考一下用吸管喝杯中的果汁。杯中的水面有大气压。吸吸管这一动作就相当于减少口腔中的压力。也就是说口腔中的气压远远小于大气压，所以果汁才会被"大气压"推入我们的口腔中。

将吸管中的空气吸出后，口腔中的气压会变小

大气压远大于口腔中的气压，这个压力差使果汁沿吸管上升

大气压

能够用吸管喝杯中果汁的原因

真空泵的发明者——格里克

1650 年，任德国马德堡市市长的奥托·冯·格里克（1602—1686）通过不断改良使用活塞和防止逆流的带阀门气缸制成了能够将空气从容器中抽出的真空泵。

1654 年，公开举行的马德堡半球实验让格里克在科学界闻名。这场公开实验在神圣罗马帝国皇帝斐迪南三世和国会议员面前进行，同时还吸引了众多充满好奇心的观众。

格里克将边缘完全重合的两个巨大的铜质空心半球紧密贴合，并用真空泵将其内部空气抽出。然后，格里克给每个半球拴上 8 匹马。他

格里克

一发出指令，这 16 匹马便向相反的方向拉两个半球。但是尽管 16 匹马拼尽全力拉扯，两个半球始终分不开。松开马，把半球上的操作杆打开后，"咻"的一声，空气进入其中，球就分成了两半。

两个半球紧密贴合，内部形成真空的球会受到外部大气的压力。1 平方厘米的大气压的重量约为 1 千克力（1 平方米的话则为 10 吨力）。球的内部是真空状态，而外部受到了压力，所以才无法分开。

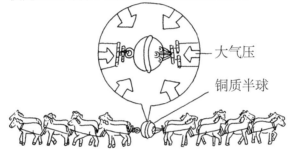

用真空泵将两个铜质半球中的空气抽出后，即便是16匹马拼尽全力拉，也无法使其分离

大气压

铜质半球

"马德堡半球实验"的示意图

拉瓦锡的元素表

被称作"近代化学之父"的法国化学家安托万 - 洛朗·拉瓦锡（1743—1794）在 1789 年出版了《化学基本论述》。

这本书中包含了拉瓦锡制作的化学元素表。书中举出的 33 种元素中，包括氧化镁、石灰（氧化钙）在内的八种元素，后来都被证明为化合物。

拉瓦锡

拉瓦锡的元素表

分　类	元　　素
中性物质	光、热、氧、氮、氢
非金属物质	硫、磷、碳、盐酸基、氟酸基、硼酸基
金属物质	锑、银、砷、铋、钴、铜、锡、 铁、钼、镍、金、铂、铅、锌、 锰、钨、汞
碱性物质	石灰（氧化钙）、氧化镁、重土 （氧化钡）、矾土、二氧化硅

现在来看，拉瓦锡的元素表中可以称为完全意义上的错误是将"热"和"光"定义为两种元素。他所认为的"热"元素虽没有重量，但和液体、气体一样会流动。拉瓦锡一直秉持着一种错误的认识，他一直坚信："氧气是氧和热构成的化合物。"后来的物理学家阐明了"热"和"光"并非元素。

当时，"原子论"开始逐渐被人们所接受。比如说，1661年，罗伯特·波义耳（1627—1691）主张一种微粒子论（波义耳的原子论）："物质是由小且坚硬，在物理上不可分割的微粒构成的。"各种各样的化学反应是通过微小粒子的运动而产生的。在他看来，这种说法比起亚里士多德的四元素说更合理。

我参加过拉瓦锡著作《化学基本论述》早期英文译本的讲读会，印象最深的就是其中时不时地会出现 particle(微粒) 这个单词。大概是拉瓦锡受到了波义耳微粒子论的影响。

道尔顿的原子论

每每教科书中出现原子的话题时，一定会提到英国的约翰·道尔顿（1766—1844）。

他通过在小型补习班当私人老师教孩子们科学和数学谋生，就这样度过了人生大半的时光。而"能量守恒定律"提出者之一的著名物理学家詹姆斯·普雷斯科特·焦耳 (1818—1889) 便是他的学生。道尔顿独自一人度过了一生，他厌恶奢侈，一辈子都过着朴素的生活。

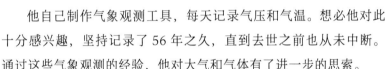
道尔顿

　　他自己制作气象观测工具，每天记录气压和气温。想必他对此十分感兴趣，坚持记录了 56 年之久，直到去世之前也从未中断。通过这些气象观测的经验，他对大气和气体有了进一步的思索。

　　"氧气与氮气密度不同，高度也不同，但是为何会融合在一起呢？"这是当时科学界的一大未解之谜。

　　一般来说，氧气密度较大应在大气（地球周围的空气层）的底部，氮气密度较小应在其之上，这二者应该会分层才对。但是事实上，大气中的这些气体，不论在哪里都是同样的比例。该如何理解这个问题呢？

　　艾萨克·牛顿 (1643—1727) 的著作《自然哲学的数学原理》中写道："气体是由微粒，也就是说是由原子构成的，微粒相互接近时，会各自弹回。"这个想法似乎也是受到了罗伯特·波义耳的影响。

　　但是，当时有一种受到广泛支持的说法是："物质是化学结合后的元素分散至各部分的连续的存在，而非像原子一样，由不可再分割的单位构成。"当然，气体也是如此。

　　道尔顿尝试用牛顿的说法去解释。另外，"热素说"主张："热聚集在原子的周围，原子们互相接近时会彼此排斥。"而道尔顿是"热素说"的强烈支持者。

某个时刻，道尔顿突发奇想："氧气和氮气等气体是由原子构成的，但是它们的大小有可能不同。"原子的大小就是指包括中心的硬粒子和其周围的热素覆盖空间在内的整体。在单一成分的气体中，单一种类的原子大小都相同，且相互之间紧密贴合，保持静止。

将两种气体混合后，由于气体原子的大小不同，所以无法贴合并保持静止，因而扩散开来，最后变为均匀的混合气体。

由此道尔顿得到了这样的假说："原子根据其种类不同，有固定的大小。"在此之上，他还尝试探求原子的相对质量。相对质量是指，若将最轻的气体氢气的氢原子质量定为"1"，氧和氮的质量各是其几倍。"

用现在的话来说，他是在探求"原子量"。更通俗一点说，原子量就是将最轻的氢原子的质量设为"1"，以此来推算自己想知道的原子的质量是氢原子的几倍。

构成水的氢和氧的质量比为 $1:8$。由于不知道氢原子和氧原子各多少个相互结合才能形成水，所以他假定原子数的比例为 $1:1$（最简化原理）。如果将氢原子的质量算作 1，氧原子的质量算作 8，那么氢的原子量便是 1，氧的原子量便是 8。

从现在的化学知识来看，氢元素的原子量为 1，氧元素的为 16。所以，道尔顿的想法是错误的。这是因为，他的想法是基于最简化原理这一假设得出的。

经过几次的口头发表后，1805 年，他在一篇名为《关于水和其他液体的气体吸收》的论文中发表了关于原子量的相关内容。

另外，道尔顿还将其关于化学的学说整理为《化学哲学新体系》。其中也有针对原子量的相关表述。此前，法国人普鲁斯特（1754—1826）于 1799 年发表了"定组成定律"（每一种化合物都由一定的元素组成。过去被称为定比定律）。这一定律成为道尔顿原子论的强大支撑。比如说，"水"中氢和氧的质量比为 1：8，氢原子和氧原子就是按照固定比例结合的。

道尔顿发现，当两种元素相互化合，生成几种不同的化合物时，与其中一种元素相化合的另一种元素的质量必互成整数比。这一法则被称为"倍比定律"。从"物质都是由原子构成"这一观点来看，该法则也很容易理解。比如说，含有一定量的碳元素的一氧化碳和二氧化碳，各自含有的氧元素的质量比为 1：2。这是因为，一个碳原子所对应的一氧化碳和二氧化碳各自含有的氧原子分别为一个和两个。

道尔顿的原子论不仅让古希腊的原子论复活，而且使其得到进一步发展。主要可以总结为以下几点。

● 所有的物质均由原子构成。

● 原子不会增长不会消灭，也不可继续分割。

● 原子有许多种类，每一种原子的质量固定不变。同种原子聚集形成单质，不同种原子以一定比例聚集形成化合物。

● 化学变化说到底就是原子组合的变化。

不过，道尔顿虽然提出了原子量表，但是并没能计算出正确的原子量。而当时对于并没能通过实验证明的"最简化原理"这一假设也出现了强烈的批判。道尔顿的功绩在于，他虽然没有探明原子量，但是提出了"在化学研究中，对原子量的探究十分重要"这一主张。道尔顿也推动了之后的百年间化学界对原子量探究的不断发展。

分子概念的确立

氧气和氢气的分子是 O 和 H，还是 O_2 和 H_2 呢？水分子是 HO 还是 H_2O 呢？

当时的化学家们十分苦恼，因为如果不把这个问题搞清楚就无法得出正确的原子量。

阿伏伽德罗

如今，我们知道氧气分子、氢气分子和水分子分别为 O_2、H_2 和 H_2O。在道尔顿的原子论出现之后过了大约半个世纪，终于有人解决了这个问题。

一位叫作阿莫迪欧·阿伏伽德罗（1776—1856）的意大利人提出了"氢气和氧气等气体都是由两个原子组成的气体分子"这一重大发现，由此对原子量的正确计算方法的探索也向前迈进了一大步。

此后，人们开始认为："分子是原子相结合组成的物质的基本构成单位。"比如，氧气 O_2、氢气 H_2、氮气 N_2、氯气 Cl_2 等，都是由两个原子组成的分子构成的。二氧化碳 CO_2 是由一个碳原子和两个氧原子，水 H_2O 是由两个氢原子和一个氧原子组成的分子构成的。

爱因斯坦证明了分子的存在

虽然基于原子量的周期表已经问世，原子论也得到了众多科学家的支持，但是原子和分子的存在也仅仅是一种假说。也有科学家认为，对于这种很难把握真面目的东西还是不研究为好。一直到 20 世纪初，"原子和分子存在与否"仍然是化学领域争论的焦点。

改变这一局面的是让·巴蒂斯特·皮兰（1870—1942）和阿尔伯特·爱因斯坦（1879—1955）的布朗运动理论。

直径一微米（千分之一毫米）左右的微粒悬浮在水等媒介中时，粒子会不停地做无规则运动（可以用 200 倍左右的显微镜观察到），

世界史就是一部化学史

这就是布朗运动。

1828 年，罗伯特·布朗（1773—1858）发现了这一现象，并发表了名为《关于植物花粉中的微粒》的论文。他将花粉浸入水中后，花粉吸水分裂。这时，用显微镜观察花粉分裂的微粒时，他发现所有的微粒都在到处移动。由于观察的是花粉中的微粒，所以布朗最初考虑这是否是生命活动导致的运动，但后来观察发现所有的微粒都做着同样的运动，便否定了这一想法。

爱因斯坦

布朗

在那之后，布朗提出这样一种说法："水中的分子虽比不上气体分子，但也在激烈运动。微粒受到水分子不同方向的撞击，撞击力无法达到平衡。所以，微粒被推过来推过去，持续做着不规则运动。"

1905 年，在瑞士专利局担任专利审查员的 26 岁的爱因斯坦发表了三篇具有划时代意义的论文，分别阐述了"光量子假说和光电效应"、"布朗运动理论"和"狭义相对论"等理论。其中，布朗运动理论在《关于热的分子运动论所要求的静止液体中悬浮粒子的运动》这篇论文中得到了阐释。该理论认为："微粒的重量和大小不同，产生的不规则运动的方式也不同。"

此后，法国的佩林等人针对布朗运动展开了精密的实验。水分子运动理论和其计算结果与实验完全一致。能够通过显微镜观察到的微粒运动也证明了水分子运动的剧烈程度。

这也为长年来科学家们围绕"原子和分子是否存在"的争论画上了句号。原子和分子的存在终于被认可，这是天才科学家爱因斯坦留下的伟大功绩之一。

"不可分割"的原子原来可以再分

19 世纪末到 20 世纪初出现了许多新的发现。它们颠覆了一直以来的自然科学的常识（比如原子是物质最小的单位，不可再分等）。

德国的威廉·伦琴（1845—1923）发现了 X 射线（1895 年）。以此为契机，法国的安东尼·亨利·贝克勒尔（1852—1908）发现了铀盐的辐射（1896 年）；玛丽·居里（1867—1934）等发现了钍的放射性。之后，又相继发现了钋和镭等放射性物质（均在 1898 年）。

除此之外，1897 年，英国的约瑟夫·约翰·汤姆逊（1856—1940）发现了电子；1900 年，马克斯·普朗克（1858—1947）发表了量子论；1905 年，爱因斯坦发表了狭义相对论。

玛丽·居里

有一天，贝克勒尔用黑纸包了一张胶片，并将其和铀的化合物一起放进抽屉。几天后，他发现感光底片感光了。也就是说，铀的化合物中含有一种与能够透过黑纸的 X 射线相同且肉眼看不到的放射线。

玛丽·居里将铀等放射性物质拥有的释放放射线的能力称为"放射性"。她将自己的博士论文主题定为铀化合物和钍化合物，并在其中阐明"钍"也具有放射性这一观点。另外，她还推测，由于沥青铀矿中具有很强的放射性，所以其中可能含有比铀的放射性还要强的元素（原子）。由此，她发现了钋元素，后来还与丈夫皮埃尔·居里共同发现了镭元素。

她之所以能够从 4 吨的矿渣中提炼出最多只有 0.3 克的镭和更少量的钋，也是依靠这些元素的原子所释放出的放射线。

钋和镭等放射性元素的发现，改变了"原子不可分割，是一种不生不灭的粒子"这一固有认知。比如说，将氦原子从镭原子中提取出来后，镭原子就会变为其他的原子，所以，一直以来的"原子不可分割"这一说法便不再成立。

原子内部是空荡荡的

19 世纪末，英国的约瑟夫·约翰·汤姆逊开始对真空放电时从阴极中放出的"阴极射线"展开研究。他将装有金属电极的玻璃管抽成真空状态，并将其通入极高电压，这时，阳极附近的玻璃管开始发光，所以他认为阴极的金属一定是放射出了某种物质。这便是阴极射线。

实验结果发现，一旦加电压，阳极一侧就会发生弯曲，汤姆逊由此发现阴极射线是带有负电荷电子的电流。另外，即便改变阴极的金属的种类，实验结果也是一样，所以，这也证明了"电子"存在于所有种类的金属原子之中。

英国曼彻斯特大学的欧内斯特·卢瑟福（1871—1937）等人得到了一个关于原子内部的更加惊人的研究结果。1909 年，在卢瑟福的指导下，汉斯·盖革（1882—1945）和欧内斯特·马斯登（1889—1970）将镭放入固体铅中，在真空中从细孔处用"α 粒子"（镭的原子核）轰击薄金箔。十万分之五厘米厚的金箔中密密麻麻地排列

着 1000 列左右的金原子。

大部分的 α 粒子在击中后方的荧光板时都发光了。这证明了 α 粒子穿过物质内部后仍保持原来的运动方向。

但是 2000 个粒子中有 1 个特例，就像撞击到了什么一样，向侧边飞弹出去。

从实验结果来看，卢瑟福推测："原子所占的空间是真空的，中间有一个带正电荷的原子核，与 α 粒子（正电荷）相斥，原子核与原子整体相比是非常小的。"他还提出了一种"原子模型"，即电子围绕原子核（位于原子中心，带有正电荷）旋转。

此后，1932 年，詹姆斯·查德威克（1891—1974）发现，原子核是由带正电荷的质子和显中性的中子构成的。

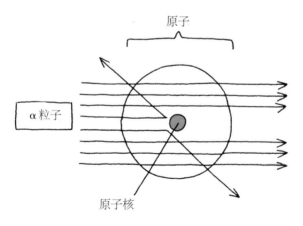

卢瑟福等人的实验

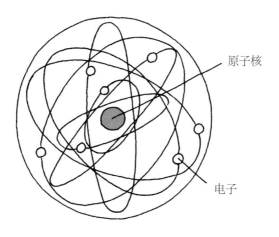

原子核

电子

卢瑟福的原子模型

原子核中包含的质子的个数是由元素种类决定的，这个数字被称为元素的"原子序数"。另外由于电子的质量很小，所以原子的质量主要是由质子和中子的个数决定的，质子和中子数目之和被称为"质量数"。

关于原子，还应该了解以下知识：

● 原子的直径为大约一亿分之一厘米。

● 原子核的直径约为原子直径的十万分之一到一万分之一。如果按照一万分之一来计算，假设原子的直径为一个东京巨蛋[①]，那么其中的原子核的直径仅相当于一日元硬币左右（20毫米）。

● 原子核由带正电荷的质子和显中性的中子构成。

● 原子核周围的电子非常小，质量仅为氢原子核的一千八百分之一左右。因此，可以认为原子的质量主要是中间的原子核（质子＋中子）的质量。

● 围绕在原子核周围的电子像年轮蛋糕和洋葱一样，是层状结构，按照一定比例分配到各自的房间（电子层）中。也就是说，电子并不是无秩序地存在于原子核周围，而是分散在电子层中。电子层从内到外分别是K层、L层、M层……，各层都有其电子容纳限度，K层为2个，L层为8个，M层为18个。（下图中会以氢原子和其电子层为例进行介绍。）

---

① 日本一座可容纳5.5万人的体育场，为东京地标性建筑。——译者注

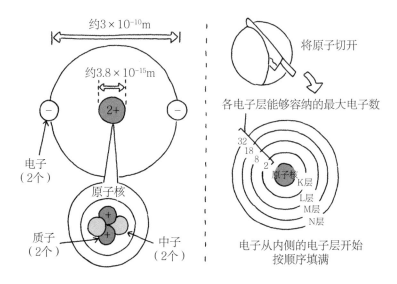

约3×10^{-10}m

约3.8×10^{-15}m

2+

−　　　−

将原子切开

各电子层能够容纳的最大电子数

32
18
8
2

原子核

K层
L层
M层
N层

电子
（2个）

原子核

质子
（2个）

中子
（2个）

电子从内侧的电子层开始
按顺序填满

氦原子的内部和电子层模型

现在，还无法追踪电子的运动轨迹，只知道其波的性质表现强烈，遍及原子整体。可以将其看作是与电子出现的概率相对应的有"疏密"的"电子云"，围绕在原子核周围。

但是，由于各电子的高存在率相重叠的位置与电子层相对应，所以电子层的模型在某种程度上，也能反映原子的实际情况。

像前言中所写，化学的三个支柱是物质的结构、性质和化学反应。物质的结构即在物质内部，是由什么样的原子组成的，如何相互结合，它们的立体构型如何。

原子论的确立和探究原子结构的历史使化学反应的设计图变得更加准确具体。另外，化学知识还被运用到了工业、农业、医学等各领域的技术中。

第三章

元素和元素

周期表

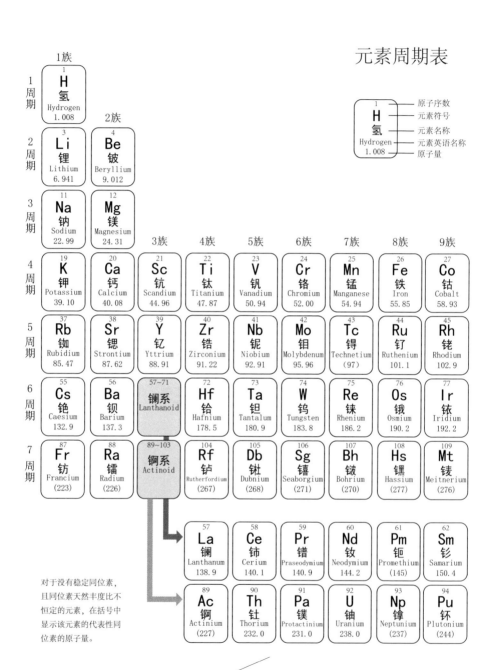

元素周期表

		1族								

原子序数
元素符号
元素名称
元素英语名称
原子量

<table>
<tr><td>1族</td></tr>
</table>

1周期
1 H 氢 Hydrogen 1.008

2族

2周期
3 Li 锂 Lithium 6.941 ｜ 4 Be 铍 Beryllium 9.012

3周期
11 Na 钠 Sodium 22.99 ｜ 12 Mg 镁 Magnesium 24.31

3族　4族　5族　6族　7族　8族　9族

4周期
19 K 钾 Potassium 39.10 ｜ 20 Ca 钙 Calcium 40.08 ｜ 21 Sc 钪 Scandium 44.96 ｜ 22 Ti 钛 Titanium 47.87 ｜ 23 V 钒 Vanadium 50.94 ｜ 24 Cr 铬 Chromium 52.00 ｜ 25 Mn 锰 Manganese 54.94 ｜ 26 Fe 铁 Iron 55.85 ｜ 27 Co 钴 Cobalt 58.93

5周期
37 Rb 铷 Rubidium 85.47 ｜ 38 Sr 锶 Strontium 87.62 ｜ 39 Y 钇 Yttrium 88.91 ｜ 40 Zr 锆 Zirconium 91.22 ｜ 41 Nb 铌 Niobium 92.91 ｜ 42 Mo 钼 Molybdenum 95.96 ｜ 43 Tc 锝 Technetium (97) ｜ 44 Ru 钌 Ruthenium 101.1 ｜ 45 Rh 铑 Rhodium 102.9

6周期
55 Cs 铯 Caesium 132.9 ｜ 56 Ba 钡 Barium 137.3 ｜ 57~71 镧系 Lanthanoid ｜ 72 Hf 铪 Hafnium 178.5 ｜ 73 Ta 钽 Tantalum 180.9 ｜ 74 W 钨 Tungsten 183.8 ｜ 75 Re 铼 Rhenium 186.2 ｜ 76 Os 锇 Osmium 190.2 ｜ 77 Ir 铱 Iridium 192.2

7周期
87 Fr 钫 Francium (223) ｜ 88 Ra 镭 Radium (226) ｜ 89~103 锕系 Actinoid ｜ 104 Rf 𬬻 Rutherfordium (267) ｜ 105 Db 𬭊 Dubnium (268) ｜ 106 Sg 𬭳 Seaborgium (271) ｜ 107 Bh 𬭛 Bohrium (270) ｜ 108 Hs 𬭶 Hassium (277) ｜ 109 Mt 鿔 Meitnerium (276)

57 La 镧 Lanthanum 138.9 ｜ 58 Ce 铈 Cerium 140.1 ｜ 59 Pr 镨 Praseodymium 140.9 ｜ 60 Nd 钕 Neodymium 144.2 ｜ 61 Pm 钷 Promethium (145) ｜ 62 Sm 钐 Samarium 150.4

89 Ac 锕 Actinium (227) ｜ 90 Th 钍 Thorium 232.0 ｜ 91 Pa 镤 Protactinium 231.0 ｜ 92 U 铀 Uranium 238.0 ｜ 93 Np 镎 Neptunium (237) ｜ 94 Pu 钚 Plutonium (244)

对于没有稳定同位素，且同位素天然丰度比不恒定的元素，在括号中显示该元素的代表性同位素的原子量。

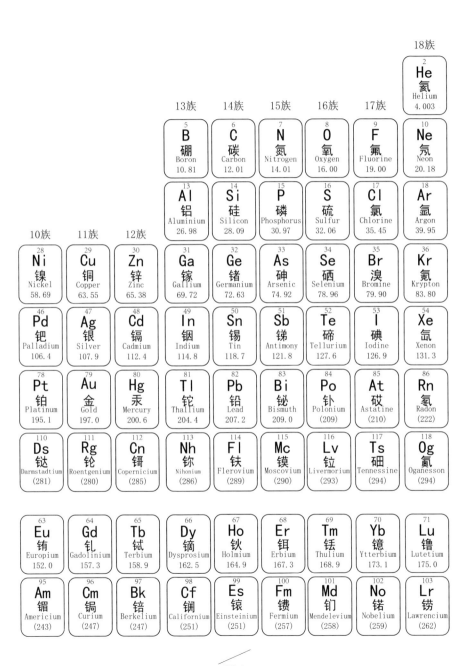

元素的发现和元素周期表

本章开始的两页是一张元素周期表。这张元素周期表是化学家们经过怎样的不懈研究才完成的呢？

18世纪意大利的物理学家亚历山德罗·伏特（1745—1827）提出了电池的电分解和分光光度分析法等，这使新的元素不断被发现。

分光光度分析法是一种即便没有由某种元素单独构成的纯物质，或是仅有少量含有该元素的物质，也可以对该元素进行分析的具有划时代意义的方法。将物质用火加热，用带有三棱镜的分光器折射出现的光，根据波长的不同光会分散开来，能够观测到频谱的分布。可以看到分散的波长的光的辉线和中间的暗线。它们就像是各个元素的"指纹"。

自古希腊开始的对新元素的探索之旅随着周期表的诞生迎来了顶峰。这是因为随着元素原子量的增加，周期性出现的元素性质的相似性逐渐形成了体系。

安托万-洛朗·拉瓦锡的元素表发表后，新的元素不断被发现，1869年俄国化学家德米特里·门捷列夫（1834—1907）在发表"元素周期表"时，已发现的元素达63种。

当时的化学家们尝试将元素分类整理。他们认为，大多数的元素已被发现，这些元素之间可能会有一些联系。

门捷列夫之前认为存在卤族元素、碱金属还有铂族元素等具有相似性的元素组。与此同时还存在化学性质相似的三

门捷列夫

世界史就是一部化学史

个为一组的"三元素组"。其中包括"氯、溴、碘"、"钙、锶、钡"和"硫、硒、碲"。

另外，英国一位叫约翰·亚历山大·雷纳·纽兰兹（1837—1898）的化学家将元素按照原子量的顺序排成 7 列，并将其比喻成类似钢琴键盘的"八音律"，他提出了"八音律法则"，认为无论从哪个元素算起，排在第八位的元素的性质都与这个元素的性质相同。现在看来，这个想法十分具有前瞻性，可谓走在了时代的前列，但是在当时却被批评为荒诞无稽，被人嘲笑。纽兰兹因此感到十分沮丧，没有勇气继续宣扬自己的学说。无论在哪个时代，先驱者都是无法被世人所理解的吧。

门捷列夫和他预言的元素

当时在圣彼得堡教化学并开始编纂教科书的门捷列夫逐渐对元素的系统性整理理论产生了兴趣。首先，他将氮族（族为元素表的纵列）、氧族和卤族元素的原子量按顺序排列。

一开始，他十分重视化合价。化合价是指一种原子能够和几个其他种类原子进行组合。一般来说，将氢作为标准，能够和一个氢原子相结合的原子的化合价为 1，能够和两个氢原子结合的化合价为 2（不能和氢结合的元素则通过能够和氢元素相结合的元素的化合价来判断）。比如说，一个氧原子可以和两个氢原子结合，所以氧原子的化合价为 2。

于是，门捷列夫便这样记录了下来。氢为一价，氧为二价，氮为三价，碳为四价，最后卤族元素（氯、溴、碘、氟）为一价。

门捷列夫将元素周期表的各处留下空白（ 部分），认为该处还有未发现的元素并预言了其性质。

接下来，他在一张卡片上写下一个元素的原子量、名字和化学性质，并将其按照原子量从小到大的顺序从左到右排列，而且使化合价相同的元素处于同一列，并尝试将其分成几层排列。就这样，最初的"元素周期表"形成了。1871 年，门捷列夫把这份元素周期表向德国尤斯图斯·冯·李比希（1803—1873）编纂的《化学年报》投稿，最终成功刊载。

门捷列夫预言还有很多的元素尚未被发现，便将元素周期表中设计了空白处以放置"将来有望被发现的元素"。他还特别针对三个元素的性质进行了详细说明。

空白处分别位于硼、铝、硅的下面。他还在这些元素的前面加上梵语的"一"（Eka，即"准"之意）作为各元素的名称，将其命名为"准硼"、"准铝"和"准硅"。

1875 年，法国化学家勒科克·德·布瓦博德兰（1838—1912）

发表了"光谱分析法"，由此发现了一个新的元素，并将其命名为"镓"。门捷列夫认为这个镓元素就是他之前所预言的"准铝"，并且他还提出，新发表的镓元素在密度测定上存在问题。实际上，镓的性质与门捷列夫所预言的"准铝"的性质相同，而且在布瓦博德兰对其密度进行重新测量后，发现其密度的确与"准铝"相近。

此后，钪元素和锗元素也被发现，二者的性质与门捷列夫所预言的"准硼"和"准硅"几乎相同。

门捷列夫元素周期表的发表并没有立即引起化学家们的重视。但是，在他的预言被证实后，元素周期表终于在化学界得到了认可。由此元素周期表也开始对新元素的探索和元素间关系的查询起到了"地图式"的指引作用。

稀有气体元素的发现

归属于元素周期表右端18族的氦、氖、氩、氪、氙、氡、氫这七种元素叫作稀有气体元素（见本章开始的元素周期表）。因为稀少——也就是说只在大气和地壳中少量存在所以被称为稀有气体。而实际上，氩气在空气中的量约为百分之一，甚至比二氧化碳都要多。

1892年，瑞利男爵三世（约翰·威廉·斯特拉特，1842—1919）发现，从空气中除去氧气后得到的一升氮气的质量和氮的化合物分解后得到的一升氮气的质量存在微小的差异（约为0.5%）。

经过瑞利同意后，威廉·拉姆齐（1852—1916）对从空气预先除去氧气得到的氮气用镁进行反应使其成为氮化镁，然后发现，始终存在无论如何也无法和镁化合的气体。经过查询后发现，一直以来知道的元素和性质都是错误的。1894年，拉姆齐发现了氩，"氩"这个名字在希腊语中是"不行动，懒惰的"的意思。这是因为，氩

拉姆齐

的化学活性较低，长期潜藏在空气中。

随后，拉姆齐又相继发现了氖、氪和氙元素。后来从太阳的光谱中确定了"氦"的存在，并将其从铀矿中分离出来。

1904 年，拉姆齐因为"发现了空气中的稀有气体元素并确定了它们在元素周期表中的位置"而被授予诺贝尔化学奖。同年，诺贝尔物理学奖则授予给发现了氩的瑞利。稀有气体元素具有共同的性质，即"无法构成化合物"，而它们被预测会在元素周期表上单独形成一列。从原子量考虑应该位于卤族元素和碱金属元素中间的位置。由此稀有气体元素变为了一族。

后来的元素周期表变得更加容易理解。容易形成阴离子的卤族元素之后是不容易形成离子的稀有气体元素，再之后是容易形成阳离子的碱金属元素。补充一下，"离子"是带电的原子（原子团）。

同位素的存在和鲍林对元素的定义

当无论使用何种化学方法都无法使物质分开时，构成该物质的东西便是"元素"。以水为例，由于通过电解可以将其分解为氢气和氧气，所以水不是"元素"，氢气和氧气由于无法再通过化学方法分解为其他物质，所以氢和氧均为元素。像这样，元素是通过实验被定义的。

但是，也出现了这种情况。本以为无法分解的物质却被发现可以通过其他方法再分。这是因为有同位素的存在。同位素是指，虽然是同一种元素，但是其原子的质量数（质子和中子个数的总和）不同。

　　因为质子的个数和电子的个数相同，所以同位素的化学性质相同。比如"铀235"和"铀238"，元素名称后会通过标记质量数来区分同位素。

　　以氢元素为例，一般来说有氢（氕）和重氢（氘）。除此之外还有超重氢（氚）等其他形式存在。但是它们在自然界中含量极微，在这里暂且不算。氢元素同位素的共同之处在于它们的氢原子只有一个电子和一个质子。但是中子的个数不同。氕中有一个电子和一个质子，氘中同样有一个电子和一个质子，但是还多了一个中子。

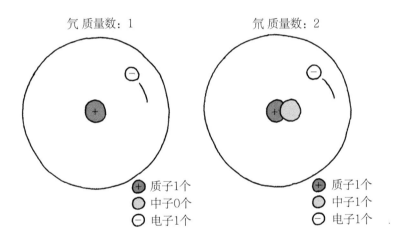

氕和氘

　　它们在元素周期表中都属于"氢"元素。也就是说，即便是原子序数相同，实际上也存在原子核不同的情况。原子序数相同，原子核不同的元素的区别在于原子核中的中子的个数不同。这就是同位素。

　　水可以分为两类，一类是由氕和氧构成的"一般的水（轻水）"，另一类是氘和氧构成的"重水"。我们日常饮用的水几乎都是轻水，

鲍林

但是也混有一些重水。一吨水中，重水约占 160 克。将一般的水进行电解，由于轻水容易分解，所以可以和重水区分开，从而可以得到氕和氘。但是，这样一来，氕和氘就变成了两种"元素"。也就是说，随着实验技术的提升，也存在两个元素虽然化学性质相同但还是必须分为两种元素的情况。这是非常棘手的。

于是，莱纳斯·卡尔·鲍林（1901—1994）对元素下了这样一个定义："元素就是根据原子核的质子数区分开的原子的种类。"前面所说的情况可以理解为"氕和氘都属于氢元素"。该定义在 1959 年被鲍林写入名为《普通化学》的教科书中之后，开始广泛流传开来。

如今的元素周期表

如今的元素周期表并不是将元素按照原子量的顺序排列，而是按照原子序数（原子核中质子的个数）排列的。目前一共有 118 种元素。

在元素周期表中，天然存在的元素中原子序数最大的便是第 92 位的铀元素。原子序数在 93 及以上的元素以及第 43 位的锝元素都是人工合成而非天然存在的元素。现在科学家们仍在为了合成新的元素不断进行着研究。

元素周期表的纵列叫作族，从左到右分别为第一族，第二族……以此类推。处于同一族的元素叫作同族元素。横行叫作周期。从上到下分别为第一周期，第二周期……以此类推。第一周期中有氢和氦两种元素。第二、第三周期中各有八个元素。

在天然存在的约 90 种元素中，80% 为金属元素，剩下的为非金属元素。位于二者分界线附近的是硼、硅、锗和砷等有金属性质但是被称作半金属的元素。它们大多具有半导体的性质。

比如，除氢元素以外的第一族元素的单体都是轻金属，和水反应都会生成氢气，这些元素就被叫作碱金属。它们的最外层电子（离原子核最远的电子）都是一个，易失去一个价电子形成一价阳离子（带正电荷的离子）。

第二族元素的原子的最外层电子均为 2 个，它们易失去两个价电子形成二价阳离子。这些元素被称为碱土金属。

第十七族元素被称为卤族元素，最外层的电子均为 7 个。它们容易得一个价电子变为一价的阴离子（带负电荷的离子）。

物质大致分为三类

世界上的物质大致可以分为三类：金属、离子化合物和分子化合物。过去认为所有的物质都是由原子聚集形成分子，再由这些分子构成的。但是我们知道，金属和氯化钠就不是由分子构成的。金属中的金属原子释放电子变为阳离子，自由电子（不属于任何原子，可自由移动的电子）在阳离子的集合体中移动。

离子化合物是由阳离子和阴离子通过静电力结合而成，例如氯化钠、水杨酸钠、硫酸钠和碳酸钙等。

分子化合物是由原子结合形成的分子构成的。分子一般是由多个原子结合构成的，但是稀有气体的单体（比如氦）就是由一个原子（单原子分子）构成的。分子化合物一般分为三种：氢、氧等气体，乙醇等液体，蔗糖（砂糖的主要成分）等固体。有时还会在这三种的基础上，加上无机高分子和有机高分子，分为五种。

非金属元素相结合　⟹　分子化合物

金属元素相结合　⟹　金属

非金属元素和金属元　⟹　离子化合物
素相结合

由碳原子构成的钻石、二氧化硅等都属于无机高分子，它们也可以看作一个巨大的分子。有机高分子包括蛋白质、纤维素、橡胶、合成纤维和尼龙、聚乙烯、聚氯乙烯等塑料，是以碳原子为中心的巨大分子。

首先让我们看一下金属元素和非金属元素。一旦知道物质是由何种元素构成的，就能大致推测出属于三大物质（金属、离子化合物、分子化合物）中的哪一种。

● 金属由金属元素构成，固体是金属结晶。

● 离子化合物由金属元素和非金属元素构成，金属元素变为阳离子，非金属元素变为阴离子。阳离子和阴离子通过静电作用结合在一起。固体是离子结晶。

● 分子化合物由非金属元素结合形成的分子构成，固体是分子结晶。

金属的特征

现在，元素周期表中的大约 90 种天然元素中，金属元素（金属是仅由金属元素构成的物质）约占八成。所有的地方都需要金属。如果没有金属我们将无法想象现代文明会是什么样子。日常生活中最常使用的金属就是铁，占到全世界金属使用量的 90% 以上。然后是铝和铜。

● 具有银色或金色等特殊的金属光泽。

● 可以传热导电。

- 通过敲打和拉伸可延展变形。
- 可以制成合金。

由于金属可以反射大部分光，所以具有银色或金色等特殊的光泽。

金属可以传热导电的性质可以通过电池和灯泡制成的简单电路来验证。相信读者们在理科课堂上也做过类似实验。

因为金属通过敲击和拉伸可延展变形，所以金属可以整块放入碾压机中进行碾压伸展，形成薄片或者抽成细丝，进而用来制作各种金属制品。铁丝和电线等则是放入细孔中拉伸形成的。而分子化合物和离子化合物经敲打后会变成粉状。

因为金属可以制成合金，所以可以制作成由多种金属组成且具有新优点的金属材料。

古代就是用表面打磨光亮的青铜当镜子使用的。如今的镜子在玻璃和后面的红颜色的保护材料中也有一张极薄的银膜（即在玻璃上镀银）。如今的镜子也是利用金属的光泽。单体的钙和钡也是金属，也呈银色。人们一般说到钙和钡，都会认为它们是白色的，这其实是因为它们的化合物是白色的。

主要的合金

合金名称	成分	特征（应用示例）
青铜	Cu，Sn	铜和锡的合金。坚硬不易生锈，价格低，易加工（多用于制造硬币及铜像等美术品）
黄铜	Cu，Zn	铜和锌的合金。光泽呈金黄色，结实美观（多用于制造乐器和装饰品）
白铜	Cu，Ni	铜和镍的合金。不易生锈（多用于制造铜管或硬币）
杜拉铝	Al，Cu，Mg	主要成分为铝。还有少量的铜、镁等。非常轻，强度大（多用于制造飞机机体）
不锈钢	Fe，Cr，Ni	铁、铬、镍的合金。不易生锈，坚硬（多用于制造厨房用品）
镁合金	Mg，其他金属	镁和其他的金属的合金。非常轻（多用于制造笔记本电脑的外壳）

制成合金后，可能会出现与组成它们的金属具有完全不同性质的金属制品。

比如，人们一直以来的愿望就是制造出不生锈的铁。终于，到了 19 世纪末，不需要特殊处理也不会生锈的金属"不锈钢"诞生了。

不锈钢根据成分以及各成分的比例不同，可以分为几种。其中 18/8 不锈钢（铁中加入 18% 的铬和 8% 的镍）的使用最为广泛，应用于从家庭用品到核电设备等各个领域。

不锈钢之所以不易生锈，是因为表面有一层非常致密的氧化膜，也就是生成的"锈"，在保护内部。

合金不仅仅不易生锈，有的十分坚硬，有的强度大，有的易加工，还有的具有磁性等特殊性质，因此被广泛应用。比如，较软的铝中加入铜、锰和镁混合会形成一种名为"硬铝"的合金。这种合金不但轻而且结实，常被用于制作飞机的机体。

从古代就开始使用的青铜，到现在我们用到的大多数实用金属都是合金。

第四章

火的发现

与能源

革命

人类是从什么时候开始使用火的

人类由于学会了直立行走而使双手得到解放，逐渐可以使用工具、利用火。"火"的使用大概是源于人类观察火山喷火或者雷击点燃草木等自然火灾，从中发现了"燃烧"这一现象。

然后，人们开始接近"野火"，从"玩火"这种临时性的使用逐渐演变为日常性的使用。在那之后，人类发现了通过木头之间的摩擦来取火的方法。

人类在了解了火之后，开始逐渐将其应用在照明、取暖、烹饪、防御猛兽攻击等各个方面。

那么人类最早开始使用火是什么时候呢？首先我们先大致看一下人类的进化。人类史被认为是从约 700 万年前开始的，大致可以分为早期猿人、猿人、直立人、古人和新人这五个时期。

将早期猿人、猿人、直立人、古人和新人这五个词排列起来，你可能会认为人类是从古人进化成为的新人，但其实并不是这样。人类进化的道路并不是直线性、阶段性的，而是多个类型同时存在，此消彼长，反反复复。

进化阶段	早期猿人	猿人	直立人	古人	新人
典型人种学名	阿尔迪	南方古猿	直立猿人	海德堡人	智人
栖息场所	森林，树林	草原（树林）	草原	无固定场所	无固定场所
年代	700万年前	400万年前	200万年前	60万年前	20万年前

人类大致的时期划分

世界史就是一部化学史

即使如此，因为用早期猿人、猿人、直立人、古人和新人等词语去形容进化的等级十分地便利，所以有的时候也会使用。在这里，就是借用了这个划分。

- 约 700 万年前——早期猿人时期。早期的猿人与非洲的大猩猩有着共同的祖先。后来他们能够在森林中独立行走并与大猩猩区分开来。犬齿开始退化。
- 约 400 万年前——猿人时期。猿人开始从森林向草原移动，也可以开始稳步直立行走。一部分猿人的脑容量达到了 500 毫升以上，成为能人。
- 约 200 万年前——直立人时期。直立人诞生于非洲，他们的脑容量开始变大，逐渐发达，并学会了制作工具。一开始他们仅仅是寻觅动物的尸体，后来便开始真正地狩猎。
- 约 60 万年前——古人时期。古人诞生于非洲，他们逐渐学会了手、脑、工具相互配合，大脑进一步进化。中大型捕猎开始兴起。
- 约 20 万年前——新人时期（至今）。智人在非洲诞生了。
- 约 6 万年前—— 非洲的智人（一部分的混血）遍布世界。
- 约 1 万年前—— 开始了农耕畜牧。

在考古学上，已经发现了一些能够证明人类使用火的遗迹。比如，在南非的斯瓦特科兰斯洞窟发现了存在于 150 万年前到 100 万年前烧过的骨头，在东非肯尼亚的契索旺加遗址中发现了疑似经篝火高温灼烧过的石头，等等。但是这可能是雷击等自然现象导致的，所以无法确定。想找到证明人类开始有意识地使用火的证据仍然十分困难。

能够明确证明人类开始使用火的古遗址是 75 万年前以色列的格舍尔·贝诺特·雅科夫遗址。在这里发现了被烧过的种子（橄榄、大麦和葡萄）和打火石。当时是直立猿人的时代。打火石被集中到了几个场所，这些地方应该就是篝火。这里还发现了锛子和骨头（长约一米的鲤鱼等），所以推测他们应该是围在篝火旁烤果子和鱼吃。

直到古人尼安德特人时期，能够证明使用火的证据才多了起来。

既然从考古学上无法查明人类是从什么时候开始使用火的，于

是理查德·兰厄姆便开始试图从生物学的角度去探索这一问题的答案。（《火的礼物：人类通过烹饪进化》，NTT 出版）

他基于人类化石，从与烹饪的食物相对应的解剖学结果变化入手，推测火的使用，也就是人类开始烹饪的大体时期。比如说，从吃生肉到吃经过烹饪的肉。由于加热后肉会变得柔软，更容易消化吸收，所以人类的臼齿会变小，肠胃的容量也会变小。且消化所需要的能量变少，就可以将多余的能量转移给大脑，脑容量也会变大。这样一来，便可以推测出人类开始使用火，是在 180 万年前直立猿人的时期开始的。

生火的技术

我曾参考《原始时代的火》（岩城正夫著，新生出版）一书，多次尝试过钻木取火。钻木取火就是通过用手不断使木棒和木板摩擦来取火，是最原始的一种取火方式。

在木板上切出一个 V 字形的凹陷，两手夹着绣球花的细枝使其垂直立起，压住下方然后不断搓手使其往复旋转，不久空气中便会弥漫着些许臭味，还会冒烟。摩擦产生的烧焦的粉末就堆积在 V 字形的凹陷处附近。渐渐地用力，加快速度，就有含火星的粉末飞出。将这个火种放置在干燥的叶子上，轻轻吹几下就会出现火焰。

成功的诀窍在于要集中摩擦同一个部分，不断地施力，但要保留一点余力用于最后加速。这个过程非常困难。

钻木取火的方式虽然简单，人类在发现这个方法时，应该已经具备了在木板上钻孔的技术。可以推断，那个时候的人类应该知道小孔处会冒烟，会变热，于是便有了钻木取火技术。这个过程需要有一定的预判能力，完美地分配手上的力，并不断地旋转细枝，不掌握一定知识的人应该很难做到。

钻木取火

人类发现了生火方式并掌握了控制火的技术。

他们用火驱赶食肉猛兽，还在草地和森林中放火，使猎物落入陷阱或埋伏之中。另外，还用火取暖、照明和烹饪。随着炉子的发明，人们更可以随时随地利用火，围着火一起吃饭，也让彼此之间的交流变得更加紧密，人类的社会性也逐渐提高。

物质的燃烧和燃素说

接下来，让我们了解一下化学层面的火的历史。

18 世纪初，德国的格奥尔格·恩斯特·施塔尔（1659—1734）提出了"燃素"（Phlogiston）的概念。他认为："可燃物是由灰和燃素构成的，这是因为物质燃烧会释放出燃素。"蜡烛、碳、油、硫、金属等所有的可燃物中都含有燃素，经过燃烧便从物质中释放出来。

比如说，碳经过燃烧只会剩下少量的灰，所以碳中含有大量的燃素。施塔尔认为燃烧就是指"可燃物中释放出燃素，留下灰的一种现象"。燃素在希腊语中也有"燃烧"的意思。

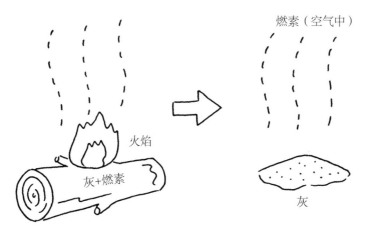

燃素说

后来，"燃素说"被安托万-洛朗·拉瓦锡的氧化学说推翻。拉瓦锡提出：燃烧是指可燃物与氧气的结合。

氧气的发现

1772年，英国的约瑟夫·普里斯特利(1733—1804)出版了名为《论各种不同的气体》一书。该系列书籍共计出版了六部。

他不仅发现了氨、氯化氢、一氧化氮、二氧化氮、二氧化硫等，最大的功绩还在于1774年"脱燃素空气"（如今的氧气）的发现与命名。

水银灰（现代化学称为氧化汞）呈红黄色，是一种奇特的物质。将水银加热后，水银会蒸发，但是表面会形成一层红黄色的水银灰。将水银灰用高温加热后，就又会变回水银。

普里斯特利

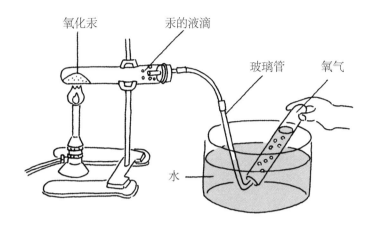

氧化汞　　汞的液滴　　玻璃管　　氧气　　水

氧化汞的热分解

　　我在中学时期的理科课堂上，在学习"化学变化"时，作为导入，做过氧化汞的热分解实验。所以对于当时的化学家们认为水银灰是一种奇特物质，我十分理解。

　　试管中的红黄色物质随着加热逐渐减少，最后完全消失。这时会生成气体，把一根点燃的香放在前面，香会燃烧得更加剧烈。试管口附近则聚集了银色的液滴。

　　也就是说发生了"氧化汞 ⟶ 汞 + 氧气"这一化学反应。

　　对于氧化汞的这种性质，普里斯特利认为："将水银灰加热，变回金属水银时，可能会释放出某种气体。"为了检验这一问题，他用一个大凸透镜聚焦阳光来加热水银灰。还将生成的气体收集起来，放入蜡烛的火焰中，火焰发出了耀眼的光，且燃烧十分激烈。他又把一只鼹鼠放入装满该气体的大瓶子中。在一般的空气瓶中鼹鼠15分钟左右就会死亡；在这个瓶子中，鼹鼠过去了30分钟仍然生龙活虎。

　　普里斯特利将该气体命名为"脱燃素气体"。根据"燃素说"，物质燃烧时燃素会逸出并与空气混合。空气中一旦混入一定程度的

舍勒

燃素，就会达到饱和无法继续混合，最终，火就会熄灭。这个气体比起一般的空气更容易让物质剧烈燃烧，所以，他将其认定为"从一般的空气中除去燃素之后的空气（脱燃素空气）"。

实际上，在一年以前，瑞典的化学家卡尔·威尔海姆·舍勒（1742—1786）就已经发现了氧气。只不过因为印刷厂的疏忽导致了发表的延误。

舍勒将铁粉选为可燃物的代表，开始调查铁生锈的原因。席勒做了许多实验，其中就包括亨利·卡文迪许（1731—1810）发现的"可燃空气"（即氢气，当时被认为是燃素）在空气中燃烧的实验以及普里斯特利的水银灰的实验。一般的空气是"火空气"（即氧气）和"浊空气"（即不助燃的空气）的混合物，"火空气"是将水银灰加热后提取出来的气体。

舍勒是一位伟大的化学家，他发现了各种各样的有机酸和无机酸。同时，除氧气之外，他还发现了氯气、氟化氢、锰、钡、钼、钨、氮气等物质。只不过，这些成果不是被忽视，就是在发表前几天被其他人抢了先，没能成为他的功绩。

舍勒有一个不好的习惯。不论是什么研究材料他都会忍不住去"品尝"一下。这也许是他对化学，对化学物质极度热爱的体现吧。

有一天，年仅四十三岁的他被人发现伏在工作台上没有了呼吸，死因不明，而他的周围摆着很多有毒的化学药品。

近代化学之父拉瓦锡

在普里斯特利诞生十年后、席勒诞生一年后的 1743 年，法国化学家拉瓦锡诞生了。

被称为"近代化学之父"的拉瓦锡，将被普里斯特利称作"脱燃素空气"、被席勒称作"火空气"的这种空气中的气体命名为"氧气"。另外，他还确立了燃烧理论："燃烧就是可燃物和氧的结合。"拉瓦锡使用了高精度的天平，以精准测算数据的方式来研究化学变化。

现在，让我们重新追溯拉瓦锡推翻"燃素说"，确立"燃烧理论"的过程。

高中化学的教科书中一定会出现"波义耳定律"（恒温下，气体的体积与受到的压力成反比）。这一理论的发现者是罗伯特·波义耳。他在 1661 年，发现曲颈瓶（玻璃制实验器具，为了取出生成物，侧面附有一个倾斜管）中的金属锡灰化后质量变重。对此他解释是因为"火的微粒"穿过玻璃壁进入曲颈瓶与锡结合的缘故。

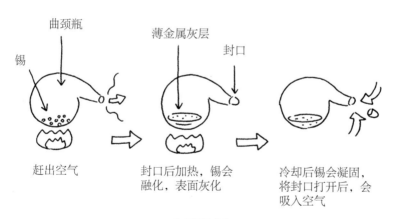

赶出空气　　　　封口后加热，锡会　　　冷却后锡会凝固，
　　　　　　　　融化，表面灰化　　　　将封口打开后，会
　　　　　　　　　　　　　　　　　　　吸入空气

波义耳的实验

锡的灰化是指锡与氧气结合形成氧化锡。拉瓦锡也挑战了这个实验。把装有锡的曲颈瓶的瓶口封住后，测量整体的质量；然后用凸透镜加热，

待其变成灰之后停止加热，再次测量整体的质量，但他发现质量并未变化。于是拉瓦锡认为"灰变重是曲颈瓶中的空气被锡吸收了的缘故"。

然后，他又用磷做了实验。磷在燃烧后会变成白色粉末，质量增加。空气约减少五分之一，余下的空气已经不具有燃烧的性质。

因此，他认为："与被加热后的金属及磷结合的可能是普里斯特利所提出的脱燃素空气。"

拉瓦锡用水银灰验证自己的假说。他将装有水银的曲颈瓶加热，不久水银的表面出现一层红色物质。它就是水银灰。

那之后的每一天，拉瓦锡不分昼夜地在炉边加热曲颈瓶，计算其中空气的体积和水银灰的质量。他测量水银灰加热后生成的气体（普里斯特利所说的脱燃素空气），发现与生成水银灰时所吸收的空气的体积相同。

他认为："空气是由促进物质燃烧且使金属变为灰的气体 A 和不助燃气体 B 组成的。""燃烧时，可燃物质和气体 A 结合生成新的物质。"这使得燃素已经没有存在的必要，宣告了燃素说的终结。最后他得出结论：燃烧是物质和氧气发生反应。

拉瓦锡一开始将气体 A 命名为"生命空气"，后来改名为"Oxygen"。碳、硫、磷等经燃烧后会生成二氧化碳、二氧化硫以及十氧化四磷等酸性氧化物。之所以起名为 Oxygen，是将希腊文中的 oxus-（酸）和 geinomai（源）组合而成（有"制酸的物质"的意思）。[后来，人们才知道盐酸（氯化氢的水溶液）中不含氧气，酸的本质是氢离子而并不是氧。]

家庭中使用的燃气

如今的燃料主要是石油和天然气。家庭中使用的燃气可以分为通过管道输送的气体（城市燃气：天然气）和钢瓶运输的气体 [液化石油气（LP）]。日语中的"ボソベ"（钢瓶）起源于德语 Bombe（炸弹）一词。由于该容器与炸弹形状相似，所以出现了这种叫法。

在使用燃气之前，家中做饭都是用柴火的。燃气的广泛普及要等到第二次世界大战结束，1955 年之后才开始。

在初中二年级之前，我都住在栃木县小山市的郊外，一直使用灶台生火做饭。我负责添柴火，小学时每天都用竹筒向燃烧的柴火中吹气，一边看着从锅里冒出的热气状态一边调节火的大小。平时也会劈柴或者背着筐去山上捡一些枯树枝拿回来烧。如今生活中能够使用燃气实在是太方便了。

现在的城市燃气的实质是天然气（成分是甲烷）。过去，一部分燃气公司会使用由煤或石脑油生产的燃气，其中也会含有一氧化碳，现在已经没有了。燃气中仅含有少量有气味的物质。这不仅仅是为了防止燃气直接吸入导致"燃气中毒"，还是为了防止燃气泄漏发生爆炸事故。

天然气的成分主要是甲烷 CH_4，液化石油气中 80% 以上的成分是丙烷 C_3H_8，然后是丁烷（C_4H_{10}）。它们都是碳和氢的化合物，都属于烃类。

丙烷在常温、8 个大气压下就会液化，液化后体积会变成原来的 1/250，所以容易搬运。家庭用的标准的液化气罐（20 千克）中约含有 40 升的液体状的液化石油气。将其全部汽化后会变成 10 立方米的燃气。这是一般家庭平均一个月的使用量。

原油（未经过精加工的石油）经过蒸馏后，会通过"分馏"来将其中几种不同沸点的混合物分离。丙烷和丁烷必须达到最低温才能分离出来。然后会分离出汽油馏分、煤油馏分、柴油馏分。柴油和煤油主要成分是碳数较大的烃。汽油中碳数为 4 ~ 10，煤油中为 10 ~ 15，它们都是烃类的混合物。碳数越大，分子也越大，分子之间相互结合的力就越强，越不易挥发。

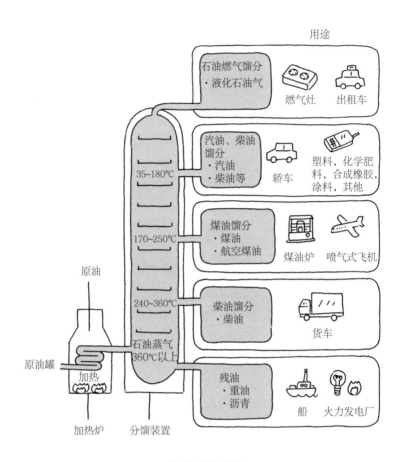

用途

石油燃气馏分
· 液化石油气

燃气灶　出租车

汽油、柴油
馏分
· 汽油
· 柴油等

35～180℃

轿车

塑料，化学肥
料，合成橡胶，
涂料，其他

煤油馏分
· 煤油
· 航空煤油

170～250℃

煤油炉　喷气式飞机

柴油馏分
· 柴油

240～360℃

货车

原油

石油蒸气
360℃以上

残油
· 重油
· 沥青

原油罐

加热

加热炉　分馏装置

船　火力发电厂

石油的分馏和用途

燃料的历史和能源革命

人类开始利用火之后的很长一段时间里，主要燃料是木头和木炭。

但是，冶炼、印染、陶器、玻璃、瓦等对燃料的需要不断增加，导致了木材的短缺。12 ～ 13 世纪，英国和德国开始了煤炭的开采，另外利用焦炭的近代制铁技术也逐渐形成，煤炭的消费量有了显著提升。这成为工业革命中的原动力，也让英国在那个时期成功称霸世界。1765 年，英国的詹姆斯·瓦特（1736—1819）对蒸汽机的改良取得了巨大成果，而用于产生蒸汽的煤炭也成为了最主要的燃料。

从自古以来的木头、木炭到煤炭的转变，被称为"第一次能源革命"。煤炭是由氢、碳、氧、氮、硫等元素构成的有机高分子（一部分包含与金属元素的结合）。因此，煤炭燃烧会产生氮氧化物和硫氧化物，它们也是造成大气污染的主要原因。于是，人们开始转为大量使用煤炭加工之后制成的焦炭。另外，煤炭加工的同时也生产出了煤气。

19 世纪，照明的主角变成了煤气灯，这是煤气最初的应用。在此之前，在欧美用来照明的都是以鲸油灯、兽脂以及蜜蜡制成的蜡烛。价格低廉的煤气保证了英国工厂夜间劳动的照明。

1812 年，在伦敦成立了一家在城市范围内提供煤气灯照明服务的煤气公司，自此煤气通过管道被运输到了千家万户。后来，煤气公司逐渐增多，1850 年左右，欧美的主要城市中煤气灯已经基本普及。

1872 年，在横滨亮起了日本第一盏煤气灯。到了 1915 年，全日本的煤气灯已经超过了 155 万盏。同时还设有 2600 多个动力用的燃气机（通过使用气体燃料来提供动力的机器）。

随着一个强有力的竞争者——电的出现，作为照明使用的煤气逐渐败下阵来，靠电发光的白炽灯的时代到来了。不过即便如此，燃气作为燃料还是有其用途，城市燃气产业逐渐转向提供热能，取得了巨大的成功。燃气的种类也从煤气转变为大气污染排放量少、供给稳定性高的天然气。

而电虽是能量的胜者，但其主要是由火力发电得到的。而这一过程仍然离不开煤炭、石油和天然气。通过燃料燃烧，将高温高压的水蒸气输送至涡轮中，使发电机转动发电。

项目	固体燃料	液体燃料	气体燃料
燃烧的难易度	较困难	容易	容易
是否有灰烬	有	无	无
运送方式	散装运输	管道	管道
典型代表的发热量	煤炭(16800~33600kJ/kg)	煤油(46200kJ/kg)	天然气(55860kJ/kg)

第二次世界大战后，中东丰富的石油资源逐渐被开发，油轮的大型化使运输费用降低。因此，有着容易燃烧、不会产生灰烬且可以进行远距离大量运输等优点的石油，作为石油化学工业各种各样制品的原材料，其使用量大大超过了煤炭。这一现象从1940年代开始到1950年代末变得尤为显著。这被称为第二次工业革命。

一般来说，人们会将两次能源革命统称为"能源革命"，不会区分是第一次还是第二次。从煤炭(固体)到石油和天然气等流体(液体和气体)的转换，也被称为"能源的流体化"。

天然气的主要成分为甲烷（CH_4），与煤炭相比，产生同等热量所排放的二氧化碳量较少，而且，氮氧化物（NO_x）等大气污染物的排放也减少，同时也不会排放硫氧化物（SO_x），所以是一种绿色能源。因此，煤炭、石油、液化石油气等能源有望得到转型。

此外，氢能是备受期待的未来能源。氢燃烧时不产生二氧化碳，仅生成水蒸气（水）。不过，氢能利用仍然面临着诸多难题。一部分的定置型家庭燃料电池虽然已经实用化，但是成本仍然很高。

另外，移动型燃料电池车仍处于开发阶段。除燃料电池的成本之外，由于氢气是一种难液化的气体，所以"氢气的装载量"也成问题。且从水中制取氢气需要大量能源，如果不使用太阳能、风能等再生能源和核能的话，最终仍会造成二氧化碳的排放量增加。

第五章

让所有

人震惊的

可怕物质

生存所必需的物质

健康的成年男性身体中水的比例约占体重的 60%，女性约为
55%。男女身体中水的比例不同是因为男性肌肉组织多（水含量就
多），女性脂肪组织多（水含量就少）。

成为贯通全身的血液是水的重要作用之一。它可以溶解各种各
样的物质，通过在身体中的流动，为各个细胞带去营养成分和氧气，
带走代谢废物。

人为了生存，每天所必需的饮水量约为 2 ~ 2.5 升。这个量不
仅取决于体重，还取决于空气状态和运动量的多少。

排出体外的水大部分都是以尿和汗液的形式排出的。我们身体
中排出和摄入的水分的量基本保持平衡。

水不仅具有运输营养成分和氧气的作用，它还是化学反应发生
的场所。除此之外还可以调节体温和渗透压，可以说水是我们维持
生命所不可或缺的重要物质。

1 溶剂作用
体内的化学反应必须在反应物质全部溶于水的状态下才能进行。

2 运输作用
将营养成分、激素或者代谢废物溶解，随着血液流动运输到各个脏器中。

3 体温调节
体重的一半以上都是水（成人55%～60%，新生儿可达
75%）。水的比热容高，体温容易保持稳定。另外，体
温增加时皮肤表面的汗液会流动蒸发使体温下降。

4 调节体液的酸碱平衡和渗透压
调节离子性物质的溶解度。即将生物体内
的电解质离子化使其保持平衡。

5 维持细胞物理状态

6 调节体液流动
由于水有黏度，可以调节体内体液的流动。

水主要的生理功能

当我们失去体内水的20%左右时，人就会死亡。体重为60千克的人，体内水的含量约为36千克（1千克水体积为1升，所以约为36升）。其中的20%为7.2升。尿和汗等人类一日排出体外的水约为2.5升，所以7.2升为2.9天的量。当然，实际上如果不摄取水的话，排出体外的水也会减少，所以可能会活得更长一点。

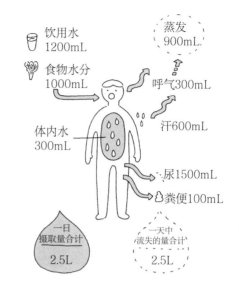

饮用水
1200mL

食物水分
1000mL

蒸发
900mL

呼气300mL

体内水
300mL

汗600mL

尿1500mL

粪便100mL

一日摄取量合计
2.5L

一天中流失的量合计
2.5L

人体水的收支平衡（以体重为60kg的人为例）

但是从计算上来看，如果三天不喝水，人就可能会有生命危险。

所以即便是宗教修行断食时，纵使不摄入食物也会喝水。健康的成人即便什么都不吃只喝水也能够维持三周的生命。从这里我们也能看出水对生命有多重要。

古罗马的上水道和公共浴场

水极大程度地影响着城市卫生。人类自古以来聚居在河、湖、泉水等能够随时获得干净水源的地方。随着文明的发展，城市人口集中，附近河流的水量也渐渐无法满足生活需求。于是，能够提供大量清洁水源的设施——上水道诞生了。上水道可以通过开辟隧道等方式建成水路，将郊外的河流以及湖中的上流水引入城市。

古罗马人建设了历史上第一个大型上水道。后来上下水道均完成建设。令人震惊的是，古罗马还建设了公共厕所，后来在同一个

古罗马渡槽（嘉德水道桥）

地方挖掘出了 1600 多个便池。

公元前 312 年至公元 3 世纪间，古罗马建设了许多的上水道，可以将几十千米外的干净水源引到城市中。水道主要铺设于地下，也有用石料和砖建成拱形的水道桥。为了保持水清澈透明，还沿着水道的主管道建设了过滤池。运输至市内分水设施的水会被分配到公共浴场、宅邸、公共设施以及供百姓打水的喷泉（泉水）中。

古罗马的公共浴场规模十分宏大，内部装潢也无比奢华。许多城市都至少有一个公共浴场，公共浴场也成为社会生活的中心之一。浴场内部还设有专门的房间，在这里可以涂抹身体油，并使用皮肤清洁工具（用木头或骨头制作）清洁身体。公共浴场中设有可以调节水温的浴缸，桑拿室、健身房、图书馆等附属设施也一应俱全。同时，还建造了礼堂，可供市民交流哲学和探讨艺术。

高跟鞋・披风・香水

然而，随着古罗马的灭亡，大部分上水道也遭到破坏，上水道和下水道一直到中世纪末期都处于废弃状态。厕所也不见了。当时的基督教教义认为，应该尽可能地限制一切肉欲，入浴洗净肉体被认为是罪孽深重的行为，因此公共浴场和私人浴室也都消失了。卫生观念被完全无视。

这样一来，城市会变成什么样子呢？

道路和广场上到处都是粪便，肮脏不堪。即便有人清理也只是草草了事，这些污染物渐渐渗入地下，导致水井也被病菌污染了。

　　贵妇们裙子的下摆高高蓬起也是为了无论在哪里都可以随时"方便"。发明于17世纪初的高跟鞋也是为了裙角不被异物弄脏而设计的。所以当时不仅是鞋跟，就连脚尖都被垫得很高。据说，当时甚至有整体达到60厘米高的高跟鞋。

　　另外，卧室便器中的排泄物也被从二、三层的窗户中扔到路旁。所以就需要披风遮挡，以防这些脏东西沾到身上。而且因为存在有东西从头上突然掉落的风险，所以绅士都会保护淑女让其走在路中间。

　　当时也很少洗衣服、淋浴和泡澡，所以为了掩盖体味，有钱人就会往身上喷大量香水。这也是那时香水深受欢迎的原因。

法语 étiquette（礼仪）的由来

　　当时的人们一旦有了便意，便会不分场合地进行排泄。代表17世纪法国艺术的凡尔赛宫的初期建设工程中浴室和厕所是没有下水道的。

　　在宫殿中，国王路易十四和著名的王妃玛丽·安托瓦内特（法国路易十六的王后）使用的是椅子型坐便器。在臀部的位置开个孔，排泄物就堆积在下面的盘子里。国王使用的是天鹅绒材质且带有金银刺绣的豪华款式。

　　在那个时代，凡尔赛宫中共有包括国王和贵族们以及他们的佣人在内的大约4000人居住。坐便器却只有274个，十分匮乏。因此，在奢华宏大的舞会时，喜欢干净的人就会自备可携带便器，用完后让佣人将便器中积满的污物拿到庭院倒掉。宫殿坐便器中的排泄物也被丢在庭院。如果附近没有坐便，人们就会在走廊和屋子的角落或是在树林茂密的地方解手。因此，过去以美景著称的庭院也积满粪便，变得臭气熏天。

对此，宫殿庭院的园艺师感到十分生气，他在庭院内立起了一个"禁止入内"的牌子。一开始并没有被人重视，但是在路易十四下令要求保护这个牌子之后，大家便开始遵守了。

实际上，法语étiquette这个单词在法语中原本是"牌子"的意思。据说，在那之后这个词就有了现在的"礼仪，礼节"之意。

霍乱流行的原因是什么

霍乱是因摄入了被感染者粪便污染过的水或食物而导致感染的疾病。其病原菌是霍乱弧菌，1883年由罗伯特·科赫（1843—1910）发现。霍乱弧菌的毒素会导致严重的腹泻和呕吐。如果及时进行治疗，死亡率尚在11%左右；但如果放置不管的话，死亡率会上升至50%，严重情况下还可能出现发病几小时后就死亡的情况。

在霍乱弧菌等病原菌被发现之前，包括霍乱在内的疾病都被认为是呼吸了有害气体（瘴气）导致的。瘴气在希腊语中是"不纯物，污染，污秽"的意思。

霍乱出现过多次大流行，让许多人失去了生命。第一次世界性的流行发生在1817～1823年，第二次是1826～1837年，第三次是1840～1860年，第四次是1863～1879年，第五次是1881～1896年，第六次是1899～1923年，第七次开始于1961年到如今仍在持续。

"霍乱并不是瘴气引起的，是水中所含有的某种物质导致的。"1855年，麻醉学家约翰·斯诺（1813—1858）总结出这一观点。

1850年左右，霍乱在伦敦暴发。斯诺注意到，根据供水的公司不同，霍乱导致的死亡率也不同。饮用了被污染过的自来水（取水口流出的水）的家庭中，霍乱的死亡率更高。而仅靠瘴气理论则无法解释这一问题。

1854 年伦敦的布罗德街暴发霍乱时，斯诺挨家挨户去拜访出现死者的家庭，并询问饮用的是哪里的水，然后在地图上标记。他通过分析地图分布发现，几乎所有的死者都是居住在布罗德街中央的手压水井附近的居民。而有的家庭虽远离这个水井但还是感染了霍乱

斯诺

的，则是因为孩子在水井附近上学或是去过水井附近的餐厅和咖啡店，他们无一例外都喝了井里的水。

不过不可思议的是，水井附近有一个啤酒工厂。工厂中的共计70 名工人无一人感染重症霍乱。经过调查发现，工厂的工人们并不喝井里的水，而是喝啤酒。随后，这个水井被禁止使用，霍乱也戛然而止。

19 世纪伦敦发生的这一事件充分说明了"流行病学调查"的重要性。"流行病学调查"是指通过观察集体的方法，找出患病和未患病的人的生活环境和生活习惯的差异，最终探明其中的原因。

根据多年后的调查发现，这个水井附近的污水池中混入了霍乱患者的粪便，而这个污水池和水井仅隔了 90 厘米。

传染病促进了上下水道的发展

直到中世纪末期，家庭中的污染物都是排放到道路上或者道路中央的水沟中。因此，多次暴发的鼠疫和霍乱夺去了不少人的生命。

到了 16 世纪，城市居民生活的卫生终于得到重视，小规模的

上水道工程开始投入建设。1528 年，伦敦桥上开始使用利用水车运作的水泵进行配水，但是泰晤士河由于船运繁忙，水质容易污浊。

19 世纪，蒸汽泵和排水用铸铁管等净水装置的发明，使水得到处理，变得更加干净，通过水泵进行配水的近代供水设施也逐渐完善。

1830 年，欧洲最初的公共供水在因工业革命而得到迅速发展的英国伦敦最先实施。另外，1831 年的霍乱也间接推进了伦敦下水道的发展。然而，好不容易才建成的下水道却仅仅是引导污水流到河流之中。因此，河流变得更加污浊，已经不能用作工业用水。1861—1875 年，人们建成了与泰晤士河的两岸平行的水路，但是还是没能防止下游的污染。

另外，继 1848 年德国的汉堡市之后，从 19 世纪后半叶开始，德国和法国的其他城市也开始建设下水道。当时的方法是将下水口做成喷泉的样子，缠上过滤材料，通过其表面形成的细菌膜来分解污染物，或者是采用现在的污水处理厂应用的活性污泥法（利用活性污泥在废水中的凝聚、吸附、氧化、分解和沉淀等作用，去除废水中有机污染物的一种废水处理方法）。

在日本，从江户时代便开始了水道的建设。江户市民的生活用水都是从小石川上水（1590，后来的神田上水）和玉川上水（1654）供水。其利用水源的倾斜角度建设了相关设备，使水能够自然流出。

在日本，具备净水功能且可以通过水泵供水的近代水道是 1887年才形成的。这年的 10 月，横滨开始了水道供水。此后函馆、长崎、大阪、东京、神户等也纷纷效仿。

而水道建设之所以能取得如此飞速的发展，背景是霍乱等水系感染病的大流行。受霍乱第一次世界流行的影响，1822 年，日本发生了首次霍乱，当时从西日本一直蔓延到了东海道。

日本虽逃过霍乱的第二次大流行，但是第三次的大流行却未能幸免。1858 年，长达 3 年的第三次大规模霍乱暴发，导致三万多人丧命，这对日本的排外思想也产生了巨大的影响。从 1853 年的"黑船来航"事件之后，外国船只蜂拥来到日本。许多人认为霍乱就是外国人传到日本来的，因此，造成了日本排外思想的不断激化。从此中我们也可以看出，历史并非仅仅由政治思想所决定，而是在多种复合原因的影响下形成的。

在日本中部和关东地区，埼玉县秩父市的三峰神社和武藏御岳神社等地，日本狼被尊为"山神"。为了消灭霍乱等疫病，那一时期可以用"日本狼"驱逐附体邪魔的"眷属信仰"十分盛行。

因此，人们大肆捕杀他们的"山神"，以获得日本狼的遗骸。这也是日本狼灭绝的一个重要原因。(《人类与传染病的历史（续篇）：准备应对新的恐惧》，加藤茂孝著，丸善出版。)

如今，情况虽然逐渐得到改善，世界上还是有人喝不上干净的水，不得不饮用含有霍乱、伤寒、痢疾等病原菌或是含有过量砷化物的水。

一直到 2017 年，每年仍有 25000 多个五岁以下儿童因腹泻而失去生命。虽然，厕所数量的不足导致环境不卫生和水源被污染是主要原因，但是随着水源相关的卫生状况的改善，这些疾病是可以预防的。另外，饮用被砷化合物污染的地下水还会引起慢性砷中毒，在全世界，尤其是印度和孟加拉国等国时有发生。

自来水的氯气杀菌

由于水是传染病的一大媒介，所以人们逐渐认识到"饮用水消毒"的重要性。到了 19 世纪末，英国、德国、美国等国家开始对自来水中投入含氯消毒剂进行实验。进入 20 世纪后，对于含氯消毒剂的相关研究越来越深入。一直以来含氯消毒剂只有在发生传染病等紧急事件时才会使用，而比利时在 1902 年、英国在 1905 年相继开始在日常用水中使用。到了 1912 年，德国发明了氯气注入装置，于是各地开始广泛采用氯气消毒。

日本在 1945 年二战结束后，盟军最高司令官总司令部（GHQ）下达指示要求向净水厂中注入消毒用的氯消毒液。此后，政府规定，水道管的末端必须留有 0.1ppm（ppm 是浓度的单位，10^{-6}）的活性氯。这一规定自水道法颁布后一直延续至今。在净水厂中将水处理并保证其安全和清洁的基础上，还需要注入氯气和次氯酸钠等进行杀菌之后才可以供家庭使用。

活性氯具有消毒效果。这是因为，氯和水反应生成次氯酸（HClO）和离子化的次氯酸根（ClO⁻）。这种物质具有很强的氧化力。如果存在碳和氢生成的有机物，便可与其中的一部分的碳和氢反应生成二氧化碳和水，通过改变分子来杀死水中的细菌和病毒。

活性氯的浓度在千分之一以上才会对人的健康造成影响。而用于杀菌的活性氯的浓度远低于这个数值，所以其氧化作用对人的健康造成负面影响的可能性极低。

引起世界瞩目的请愿书

最后，让我们用"一氧化二氢"（简称 DHMO）这一化学物质结束本章。

DHMO 是一种无色、无味、无臭的化学物质，它以气体、液体和固体三种状态大量存在于我们的身边。

这种化学物质的危险性之所以受到全世界瞩目，是因为 1997 年，美国爱达荷州的一个中学生纳坦·佐纳所做的调查在当地的科学展上获得了一等奖，成为当时热议的焦点。这个中学生写了封名为"请禁止使用一氧化二氢"的请愿书，他在街头向来往的市民说明

DHMO 的危险性，并征集签名。

请愿书中的内容是这样的：

一氧化二氢无色无味无臭，每天都在夺走无数人的生命，其中大部分都是因偶然吸入 DHMO 引起的。

在如今的美国，几乎所有的河流、湖泊以及蓄水池都含有 DHMO。不仅如此，DHMO 的污染甚至蔓延到了全世界。在南极的冰川中也发现了这种污染物质（DHMO）。尽管如此，美国政府却拒绝禁止对该物质的制造和扩散。

现在开始也不晚！为了避免更加严重的污染，我们必须行动起来！

据说这份请愿书收到了当时 50 位过路行人中 43 人的签名。

那么，DHMO 到底有怎样的危害性呢？

对人的危害：

● 长时间处于其液体形态中时会无法呼吸导致死亡。

● 皮肤与其固体形式长时间的接触会导致严重的组织损伤。

● 处于气体形态时可能会引起重度烫伤。

● 液体形态的过度摄入可能会引起副作用，有时会中毒死亡。

● 对其液体形态容易产生较强的依赖，长期服用者一旦停止服用会导致死亡。

● 存在于癌细胞中。如果将其从癌细胞中去除，癌细胞就会死亡。也就是说，它是癌细胞增殖的原因之一。

对地球环境的影响：

● 是酸雨的主要成分。

● 对温室效应有推动作用。

● 易引起台风、暴雨等自然灾害。

● 易对岩石和土壤造成侵蚀，改变地形。

● 易引起山体崩塌。

● 其气体形态是汽车尾气和工厂废气的主要成分。

然而，该种化学物质（DHMO）如今仍在广泛使用。因此我们的身体和食物也已经被严重污染了。

正如中学生发起的签名活动的结果那样，在许多地方，当告诉人们这一情况后，许多人都赞成禁止使用一氧化二氢。说到这里，我们就来看看 DHMO 到底是什么。

所谓的 DHMO 其实就是水（H_2O）。因为水分子是由两个氢原子和一个氧原子结合形成的，所以就是一氧化二氢。

而从中学生的调查结果中我们可以得出的是："所有阶段对科学教育（理科教育）都应该更加重视。"不叫它水，而称其为"一氧化二氢"，仅仅是换了一个看起来很深奥而又有点可怕的名字，就有许多人被吓到了，这点我们都应该反省。

提到化学物质，很多人可能会自动联想到"可怕的化学物质"，但是实际上，化学物质就是"构成物质的材料"而已。

只要稍微有点化学知识的人，在看到这封请愿书时，都会把这当个笑话吧。你明白了吗?

第六章

从咖喱饭

看食物的

历史

咖喱饭的诞生

咖喱饭由米饭和土豆、猪肉等配料制作而成，受到许多人的喜爱。那么人们对这些材料经过了怎样的处理才将它们端上餐桌的呢？

有这样一个笑话。给印度人吃日本家庭做的咖喱饭，印度人会有什么感想呢？"虽然很好吃，但这是我从未吃过的味道，这是道什么料理呢？"

没错，日本家庭制作的咖喱饭与真正的印度咖喱饭有些许不同。印度咖喱饭更加爽口，而且没有牛肉咖喱和猪肉咖喱。

印度的咖喱中含有一种特殊的调味料，是由肉桂、豆蔻、蒜瓣、胡椒、莳萝、姜黄根粉等多种香料搅碎混合制成的，除此之外还会加入蔬菜和豆子，有时也会放一些肉和海鲜。

"咖喱"一词源于南印度的泰米尔语中的"kari"，是"汤汁"的意思。在18世纪末传到英国后，逐渐开始往咖喱中加入面粉变成糊状，这样一来咖喱粉就诞生了，被广泛用作牛肉料理的酱料。到了19世纪，日本文明开化后，咖喱作为一种从西方传来的时髦洋餐在日本得到广泛传播。大正时期，逐渐开始向咖喱酱中加入土豆、胡萝卜、洋葱、牛肉或者猪肉等多种食材，颜色也偏黄。经过日本本土化后的咖喱变成了一种类似于西式肉菜浓汤的料理。如今的咖喱，正是这种大正时期日式咖喱的继承者。

土豆、胡萝卜、洋葱都是明治时期以后普及的新型蔬菜。因为镰仓时代到江户时代受到佛教影响，有禁止吃肉的风俗，所以直到明治时期才可以毫不忌讳地食用牛肉和猪肉。

栽种水稻是人类的一大伟绩

咖喱饭的一大主要材料就是米饭。按人口比例来看，将米饭作为主食的人达到了世界人口的一半。第二位是小麦，然后是玉米。这三者也被称为世界三大谷物。第四位是土豆。

米饭是包括日本在内的多数亚洲国家的主食，它的原料是禾本科稻属植物的果实（种子）。

以日本人的主食——大米为例，让我们共同回顾人类社会进步的足迹。稻谷的果实（种子）经脱壳制成大米，才可食用。绳文时代后期，稻子从中国传入了日本。公元前4世纪左右的弥生时代，稻作开始广泛普及。

如今作为农作物被我们耕种的水稻一开始是野生稻。人类在数千年前开始将其作为农作物栽培。当时大概是选择野生稻中"不容易倒伏""果实不易掉落"的品种进行栽培的。

用于耕作的水稻与野生稻相比果实更大，富含的淀粉更多，果实同时期成熟。而且成熟后也不会掉落到地面，而是留在稻穗上。

野生稻开花后，自己的花粉落到了雌蕊上也不会受精。只有不同水稻的花粉接触到雌蕊才会受精，即具有"异花授粉"的特点。也就是说必须接触到其他植株的花粉成为杂交品种。这样一来就会结出具有多种性质的果实。面对环境的变化和害虫也不至于全部死掉，总有一部分会存活下来，这个特性对于野生稻应该非常重要。

然而，经过长久的历史变迁，人类栽培的水稻失去了野生稻的特征。开花后自己的花粉便立即落到本花雌蕊柱头上完成自花授粉受精，结出果实。这是因为我们挑选出了这样的突变体进行栽培的缘故。这样就会造成所有的水稻都具有同样的性质，虽然容易栽培，但是也会变得脆弱。

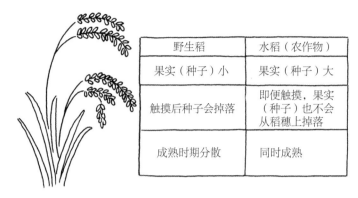

野生稻	水稻（农作物）
果实（种子）小	果实（种子）大
触摸后种子会掉落	即便触摸，果实（种子）也不会从稻穗上掉落
成熟时期分散	同时成熟

野生稻和水稻（农作物）对比

实际上，野生稻果实小，成熟后便纷纷掉落。另外它的成熟期参差不齐，需要分期采收。这其实是野生稻为了维持"子孙后代"的一种生存策略，如此不仅散布范围更广，而且能更好地适应环境变化。

但是，作为农作物的水稻当然是每一粒果实都营养充足为好。另外果实不易掉落且同时成熟的话，收割时也更加方便。人们为了明年继续播种，往往会将所收获果实的一部分留在地里。人类倾向于选择果实颗粒大，不容易掉落且同时成熟的水稻进行栽培。这样的选择经过数百甚至数千年的反复，造就了如今的水稻品种。

人类改良水稻品种，极大地改变了野生稻的性质，将其转变成为易栽培、易收获的水稻。小麦和大麦基本也是如此。而其结果就是，作为农作物的水稻丧失了在自然环境中（野生）生长的特质，因此必须有专人在田地中对作物进行管理。

大航海时代与马铃薯的"全球化"

马铃薯是制作咖喱饭不可或缺的原材料。

实际上，马铃薯在世界范围内广泛种植的历史并不漫长。说起马铃薯的故乡还要追溯到位于南美洲智利的安第斯山。那里现在还生长着野生马铃薯，无论是紫色的花还是叶子的形状，整体都与普通的马铃薯类似，但是却小了很多。从根部开始挖掘的话，会挖出一个小手指尖大小的马铃薯。这种小马铃薯在中安第斯山随处可见，不过它有毒，所以不能食用。

安第斯山的人们将这种野生品种改良成了农作物。他们大概也是选择了个头大、更美味且毒性弱的马铃薯进行栽培。在秘鲁，约种植着300多种马铃薯。

在克里斯托弗·哥伦布（约1451—1506）和法兰西斯克·皮泽洛（约1470—1541）活跃的大航海时代，马铃薯被传到了欧洲。16世纪，西班牙人发现新大陆的同时也发现了从未见过的新植物，其中之一便是马铃薯。后来马铃薯传入欧洲，但是具体时期并不明确。之后，人们发现了马铃薯的优势，于是世界各地便开始广泛栽培马铃薯。

马铃薯推动了欧洲人口增长

马铃薯一开始是观赏用的，它的花受到人们的喜爱。由于马铃薯深受安第斯原住民的喜爱，他们又被西班牙人当作野蛮人，所以心高气傲的欧洲人便将马铃薯视为只有动物和贫民才吃的低级食物。

马铃薯的花和果实

不过到了 17 世纪中叶，人们对马铃薯产生了新的认识。

1662 年，英国萨默塞特郡的一位农场经营者向伦敦的英国皇家学会提交建议书，其中写道："马铃薯可能会在国家陷入饥荒时拯救这个国家。"马铃薯的产量高，要收获的部分埋藏在地下所以不容易遭受冻害，生长周期不足 100 天，也不怕遇上灾荒。

马铃薯首先在粮食不足的爱尔兰得到了广泛栽培。然后又从爱尔兰传到了北非，到了 1718 年开始用作动物饲料。1800 年，有钱人也开始食用马铃薯，尤其是在爱尔兰，马铃薯已经成为当地人民的主食。

18 世纪，普鲁士（德国）的腓特烈大帝（二世）要求国民种植马铃薯，甚至威胁农民若不遵从就割掉他们的鼻子。

在法国，某学会表示，如果有人能发现饥荒时可以用来替代小麦的粮食，将得到巨额悬赏奖金。于是农业专家安东尼·奥古斯丁·帕门提尔提议用马铃薯替代小麦。

据说当时帕门提尔为了推广马铃薯，研究了许多计策。在一次晚会上，玛丽·安托瓦内特王后将帕门提尔送的马铃薯的花插在了头上，于是，一夜之间全巴黎的人都在议论马铃薯一定是一种珍奇的植物。而且帕门提尔在栽培马铃薯期间，请国王派兵保护他的马铃薯试验田。据说当时路过看到的人认为这一定是珍贵作物，所以迫不及待地进入试验田偷马铃薯。这可谓是完美的宣传策略。在收获马铃薯后，他邀请了众多有名人士，并用马铃薯制作了各种各样的料理来宴请他们。客人中就包括化学家安托万 - 洛朗·拉瓦锡和美国的政治家、科学家本杰明·富兰克林（1706—1790）。就这样，许多人都成了马铃薯的支持者。

帕门提尔还出版了一本书，其中记载了马铃薯的无毒性、栽培和食用方法等。路易十四还说："总有一天，法国会感谢你为穷人找到了面包。"以此来表达对他的感谢。

就这样，马铃薯迅速在欧洲普及。而另一方面，由于过度依赖马铃薯，也产生了一系列的悲剧。在爱尔兰，1846 年到 1847 年出现了大饥荒，约有 75 万 ~ 100 万人被饿死，超过 100 万人只得无奈离开这里，逃难到美国和澳大利亚。

即便如此，我们仍然可以说马铃薯对欧洲 18 世纪以后的人口增加做出了巨大贡献。马铃薯传到日本是在 16 世纪末的战国时代，是从爪哇 / 雅加达（ジャッ / ヅャガタラ）来的荷兰人带过来的。日语中马铃薯 / 洋芋的名字（ジャガイモ / ジャガタライモ）也是源于此。

到了明治时期以后，人们开始广泛种植马铃薯。马铃薯和肉类一起食用会更加美味。不过日本直到明治时期肉食才普及，所以，与同时期一起传入日本的红薯不同，马铃薯在日本普及花费了更长时间。

动物家畜化促进了定居生活

在日本，咖喱本土化最大的一个特点就是加入了牛肉、猪肉、鸡肉、海鲜等各种各样的肉类。

人类之所以将哺乳动物驯化为家畜，首先应该是出于经济目的，也就是寻求食物的稳定供给。除此之外，还出于宗教目的用于供奉神灵，或者将其作为宠物饲养等等，具有多重意义。

如今之所以有一部分动物成为家畜，是因为它们比较容易驯服。比如说，狗和猪在还是野生动物时就会吃人剩下的食物，长期处于人类的生活圈。牛和羊都是群居生物，它们在集体中需要遵守命令，所以也便于人类管理。

至于这些动物被驯化的时期，狗是在一万四千年前，羊、牛、猪约为一万年前，马是五千年前，鸡大约是在四千年前。

从野猪到家猪

野猪什么都吃且十分多产。人类驯化野猪花了很长时间，经过多番改良才将其驯化成如今的家猪。那么，人类究竟是怎样做到的呢？

首先，体格。每日在群山中跑来跑去的野猪比起家猪更加聪明，鼻子更长，公野猪下颌上的獠牙向外突出，性情暴躁，动作敏捷，跑得快而且擅长游泳。而与野猪相比，驯化后的家猪则性情温顺，下半身更加肥胖，人们能够获取更多的肉，鼻骨短，脸部凹陷。

野猪和家猪

家猪比起野猪发育更快。野猪体重达到 90 千克需要一年以上，而家猪仅仅需要 6 个月。

另外，家猪与野猪相比繁殖力异常旺盛。野猪一般一年生育一次，一胎平均五头（3 ~ 8 头）；而家猪一年可以生产 2.5 次，一胎生产数达 10 头以上，有的品种甚至可以达到 30 头以上。根据产崽的数量不同，野猪有 5 对乳头，家猪有 7 ~ 8 对。

野猪需要至少两年才可以繁殖，而家猪仅需要 4 ~ 5 个月。

在日本家猪与野猪不同，它们没有獠牙，这是因为这些牙在还没有长成獠牙之前，即乳牙时期就被掰断了。野猪有尾巴，但是家猪没有，这是因为防止它们相互咬尾巴而人为切掉的。

世界史就是一部化学史

狩猎采集时代的人类与动物

人们在法国西南部的一个溪谷中发现了拉斯科洞窟壁画。这些壁画是两万年前的旧石器时代的克罗马农人创作的。

这个洞窟在 1940 年被四个儿童发现。1963 年以后，为了保存壁画，洞窟被封存，只向一部分经过许可的研究人员开放。包括拉斯科洞窟在内的装饰洞窟群在 1979 年被列入了世界遗产名录。目前只有制作精巧且还原度高的仿制品向大众公开。

拉斯科洞窟全长约 200 米，最深处有一个井状的空间，必须借助绳梯垂直下降 5 米才能到达。克罗马农人当时大概是仅仅靠着微弱的火光在一片黑暗中前进，一直到达洞窟的最深处并在上面作画。

将近两千幅壁画中约有一半是各种动物形象，包括马、雄鹿、野牛、猫、熊、鸟、犀牛等，描绘细致，色彩丰富，栩栩如生。由于克罗马农人不饲养家畜，所以这些应该都是野生动物。在洞窟中发现的动物骨头 90% 都是驯鹿，而描绘驯鹿的壁画却只有一幅。

这些壁画真实反映了当时的人们对动物的关注程度。

农业革命与城市的建立

从狩猎采集的游牧生活到定居种植农作物，这种新的生活方式的转变被称为农耕革命（或农业革命）。据推测，农业革命约始于一万年前，最早是在如今的伊朗、伊拉克、约旦、黎巴嫩、以色列等地开始的，那里自古以来被称为肥沃新月地带。

在农业革命中，粮食的稳定供给推动了人类的定居。为了进行集体性农业生产，必须要有指导者。人们利用石头盖房子并建造城墙。为了防御外敌，武士也不可或缺。另外，为了祈愿庄稼丰收，还形成了以神殿为中心的聚落。

由于人类在狩猎采集时期仍以游牧为主，所以很难积累财富。

而在转变为以农业为中心的定居生活之后，容易积累财富，随之而来的就是贫富和身份的差距。

当粮食有剩余时，就会有人选择不再从事农业，由此形成了帝王、神官、武士、平民、奴隶等社会阶级。就这样，古代城市在约六千年前形成，城市文明逐渐发展。

农业的开始是人类史的一大转折点。

生存所必需的五大营养素

食物对于人体十分重要。我们通过摄取食物来获得维持生命活动所必要的能量和营养成分（五大营养素）。吃咖喱饭也有助于这五大营养素的摄取。

五大营养素如下。

碳水化合物。碳水化合物是能量的主要来源。包括可以在体内直接分解的糖类和无法直接分解的膳食纤维。糖类可以分为葡萄糖、乳糖、麦芽糖和淀粉等。米饭、面包等主食的主要成分就是淀粉。淀粉是由 200 ~ 1000 个葡萄糖分子聚合形成的，它被人体消化后会变为葡萄糖。

蛋白质。动物细胞中含量最多的是水，第二多的就是蛋白质。我们的肌肉和各个器官都是由蛋白质构成的。支撑生命活动的酶、激素、抗体（可以借助免疫力攻击外部侵入者，保护我们的身体）等大多都是由蛋白质构成的。富含蛋白质的食物包括肉、大豆、鱼、蛋、牛奶等。蛋白质由几百至几千个多种多样的氨基酸构成，消化后变为氨基酸。

脂肪。脂肪是脂质的一种，不仅是体内能量的来源和人体的重要组成部分，还是肝脏中分泌出的胆汁酸的成分。脂肪由一个甘油分子和三个脂肪酸分子结合构成，消化后会变成脂肪酸和单甘酯。

维生素。维生素是生物维持正常生命活动所需要的一种微量有机物质，人类机体无法合成。人体所必需的维生素有 13 种。其中包括维生素 B_1，它有助于人体从糖中获得能量，且能帮助维持神经正常运作；维生素 D，可以促进钙吸收；除此之外还有受伤时有助于止血的维生素 K 以及促进红细胞生成的叶酸等。

矿物质。人体中含有四种基本元素，分别是碳、氢、氧和氮。除此之外的物质就是矿物质，也叫作无机物。可以分为常量矿物质和微量矿物质。常量矿物质有钠、钾、钙、镁、磷。

我们人类是杂食动物，既吃植物性食物也吃动物性食物。也正因为如此，我们才可以广泛摄取各种食物生存下去，并在世界各地留下人类的足迹。但是，从反面看，如果我们不广泛地摄取食物就无法维持健康。无论是草食动物斑马，还是肉食动物狮子，它们只吃草或只吃肉就可以维持生命；但是人如果偏食，便会对健康产生负面影响。如今虽处于丰衣足食的年代，但是仍然会出现各种各样的健康问题，可以说这正是人类属于杂食动物的缘故。

人类从烹饪中获得了什么

理查德·兰厄姆（见第四章中"人类是从什么时候开始使用火的"一节）说过，烹饪推动了人类的进化，人类如今的发展离不开烹饪。比较常见的说法是食肉使大脑容量变大，但是兰厄姆却认为通过将食物进行烹饪取代生吃，可以从中获得更多的能量，所以牙齿、下巴和胃肠会变小，脑容量会变大。（《火的礼物：人类通过烹饪进化》，日本 NTT 出版社）

即便你不赞成兰厄姆上面的说法，但我想你也应该赞同烹饪为我们带来了以下这些东西。

过去，不论是借助石器捕获的动物，还是自然生长的植物和果实，人类都是直接生吃。在学会使用火之后，人们便直接用火或者灼热的石头烤食物。后来还学会了使用陶器烹饪食材，通过对食材进行加热保证其安全性。

在自然界中，存在着很多对人体有毒的物质。有很多含有毒性的食材，通过加热等方式将其中的毒性去除后也是可以食用的。另外，食材长时间放置会导致杂菌（含有对人体有害的物质）繁殖。有的食材中还有寄生虫。不过通过加热就可以杀死这些杂菌和寄生虫，所以大多情况下，我们都可以安全食用。

此外，通过对食材进行加热烹调，食物会变软，更加容易咀嚼、消化和吸收。比如肉就是通过加热烹调才变软，更加易于人体的消化和吸收。

坚硬谷物的果实（种子）等过去无法食用的坚硬的食物，如今通过加水蒸煮就会变软，这样一来可食用的食物种类大幅增加。

在此基础上，食物的味道和香气也更加鲜美。肉的主要成分是水、蛋白质和脂肪。蛋白质的分子大，直接吃很难吃出味道，但蛋白质分解后形成的氨基酸可以让人感受到鲜味。氨基酸存在于肉的细胞或是细胞与细胞中间的组织液中，所以在烹饪肉类时出现的肉汁正是富含大量氨基酸的肉的鲜味所在。另外，肉的脂肪中也包含很多含有香气的成分。牛肉、猪肉、羊肉，根据肉的种类不同，香气也有所不同，不同的肉散发出各自独一无二的风味。食物的美味不仅体现在味道上，香气也十分重要。

第七章

改变历史的

啤酒、葡萄酒和

蒸馏酒

酒与农业的开始

人类与酒（酒精）的渊源大概可以追溯到一亿三千万年前。

那个时候出现了能结出果实的被子植物。而当时我们的祖先也还没有进化成人类，仍然是像害怕恐龙的松鼠一样的初期哺乳动物。那时出现了一种喜爱果实的酿酒酵母菌。

酿酒酵母菌从果实的果糖和葡萄糖等糖类中获得生存的能量，获得能量的同时还能产生酒精。这种方法虽然效率不高，但是却能够起到隔离其他微生物的作用。

此外，这对于可以通过酒精的气味来判断果实是否成熟的食用果实的哺乳动物来说，也是更加有利的。而我们的祖先应该就是依靠这种喜欢酒精的特质才逐渐进化的。

一开始出现的应该是果实和蜂蜜等通过自然发酵酿成的酒。自然界中的酿酒酵母菌生存于糖分较多的环境中，而且附着在果皮表面。因此，将果实压碎放入容器后，就会逐渐自动发酵。这也就是自然形成的"酒"。

回看世界史，除"水"以外的饮品正式出现是在大约一万年前。那时智人开始了定居生活并发起了农业革命。

如今，被确认的最早的酒精饮料是在中国的贾湖遗址发现的。2004 年，人们在这个遗址中发现了一个约九千年前的壶，在对其内部的残留物进行化学分析后发现，其中加入了米、蜂蜜、葡萄和野山楂。九千年前的人们应该是将这些材料混合后，做成葡萄和野山楂葡萄酒、蜂蜜酒，甚至还制成了加入米酒混合的发酵饮料，然后饮用。

啤酒也能当工资

啤酒的原料是谷物。过去的人们将啤酒装进皮囊或动物的胃囊中，然后将木头、石头和大型贝壳掏成空心来制作啤酒。一直到公元前 4000 年，近东一带也逐渐普及。目前普遍认为幼发拉底河流域的美索不达米亚平原是该酿酒方法的发祥地。

还有人认为人类对啤酒的渴望推动了农业的规模化发展。仅仅依靠采集野生谷类无法保持稳定的原料获取，也就无法制造啤酒。于是，人类决定通过耕作来确保谷物的稳定收获，由此便开始了农业栽培。

在美索不达米亚（如今的伊拉克）出土了一个公元前 4000 年左右的陶器，上面描绘着两个人物用吸管从陶制罐子中喝啤酒的样子。当时的啤酒中还漂浮着谷物粒和壳，以及其他的"垃圾"，所以需要使用吸管。为了不让大家误解，这里再补充一下，虽说是漂浮着"垃圾"，但是也是用沸水制作的，所以已经过煮沸杀菌，是一种非常安全的饮品。

公元前 3000 年左右，开创了美索不达米亚文明的苏美尔人开始了麦子的种植。

他们制作麦芽并将其晒干，混入小麦粉中，烤制成面包后将其剁碎，然后放到汤里溶化，通过自然发酵形成啤酒。以农业为中心的定居生活开始后，由于有剩余的谷物，一些人可以从事一些非农业工作。而这些人的工资就是通过面包和酒来支付的。比如说，公元前 2500 年左右，建设埃及金字塔的劳动者的标准工资就是一二千克面包和 4 升左右的啤酒。国家把谷物统一收集起来，然后再将其重新分配给劳动者。

对于古埃及人来说，啤酒是十分常见的饮品，在家里或是饭馆都能喝到。当时的啤酒比如今的啤酒酒精度更高，大约达到了 10% Vol。

有的人喝完啤酒后会唱歌跳舞，这倒还好；还有人喝醉酒后给别人造成了不小的麻烦。在古埃及，留下了很多提醒人们不要过度饮酒的文章。其中有这样一篇箴言：

"大家不要在喝完酒之后出门。因为你说出的话会被传到千家万户。尤其是在你根本不记得你到底说了什么的情况下，这很有可能为你带来灾难。另外，如果你喝醉摔倒，可能会骨折。而且没有任何人会来帮助你。当时和你喝得起劲的朋友们也许会说：'把这个醉鬼扔到窗外去。'而当你真正的朋友来找你时，你可能正像个婴儿一样有气无力地趴在地上呢。"《春山行夫的博物志Ⅵ：酒的文化史1》（春山行夫著，日本平凡社1990年出版）

可以说，在这一方面与我们如今的宴会没有太大区别。啤酒深受公元前8世纪至公元前7世纪的亚述人喜爱，后来又被传播到希腊和罗马，两国对啤酒都十分重视，后来被北欧日耳曼人继承下来。

面包的制作与啤酒

面包是用小麦粉和黑麦粉等谷物粉与酵母、水、食盐等材料混合发酵后烤制而成的。

面包发酵的历史可以追溯到公元前4000年的埃及。在此之前面包都是将小麦粉搓成大粒，掺水之后烤制而成的，这就是面包的原型。一个巨大的发现改变了过去的面包制作方法。掺水揉面，将面团静置一段时间后再进行烤制，面包会变得膨胀且柔软。这大概是因为自然界的酵母接触到了面包表面的缘故。面团的一部分也可以留作下次制作面包时使用。

另外，若将制作啤酒时产生的泡沫加入面团中，烤制出来的面包会更加美味。制作面包的关键是用于制作啤酒的酵母菌。酵母菌会使面团中所含的少量葡萄糖和麦芽糖发酵，产生的二氧化碳会使面包膨胀。这一过程中也会产生酒精，但是在烤制面包时，大部分的酒精会挥发掉，残留的一小部分则会使面包充满特殊的香气。

酵母菌与发酵

酒精是由一种叫作酵母菌的微生物制成的。

真菌类生物依据外表形态可以分为霉菌、酵母菌和蕈菌（蘑菇）。

也就是说酵母菌与霉菌和蘑菇属于同类。霉菌（线状菌）在孢子发芽几天后可以看到线状的菌丝呈放射状伸展。然后菌丝的前端会产生孢子，并使其飞散。

酵母菌是一种单细胞生物，大小约为 0.01 毫米，有球状、椭圆状、香肠状等各种形状，通过出芽和细胞分裂繁殖。酵母菌的细胞与霉菌不同，它一般并不会像线一样连接在一起。酵母菌增多后，分散的细胞就会聚集起来，变成球状且有黏性的集合体。

但是，像人体中的常见菌念珠菌一样，繁殖条件一旦变化，酵母菌就会像霉菌一样生出线状的物质，所以霉菌和酵母菌之间的区别较为模糊。虽说如此，酵母菌可以用于发酵，所以在实用度的层面上与霉菌还是有很大区别的。

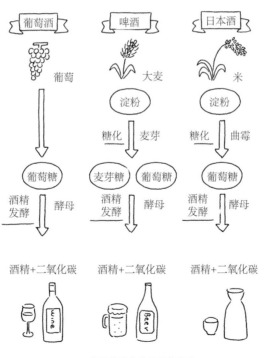

使用酵母菌进行酒精发酵

啤酒、葡萄酒、日本酒和面包都是通过酿酒酵母菌制成的。但即便是同样的酵母菌，使用的菌株也各不相同，比如说制作啤酒时使用的酵母菌就是啤酒酵母菌。

酿酒酵母菌可以将葡萄糖转化为酒精和二氧化碳。另外，酵母菌在希腊语中是"砂糖和菌"的意思，出芽在拉丁语中是"啤酒"的意思。

酵母菌以麦芽糖和葡萄糖为发酵基础，但是无法以淀粉为发酵基础。葡萄酒的葡萄果汁中含有大量的葡萄糖，所以可以直接用葡萄酒酵母菌进行发酵。

以淀粉为基础，用大麦和米酿酒时，需要将淀粉分解为麦芽糖和葡萄糖（这一步骤叫作糖化）。比如，啤酒的原料是大麦，大麦发芽变为麦芽后会生成淀粉酶。大麦淀粉经淀粉酶分解后会形成麦芽糖和葡萄糖，然后通过啤酒酵母菌进行发酵。日本酒是通过大米的曲霉菌发生作用变为葡萄糖制成的。

葡萄糖经酵母菌发酵后，除酒精和二氧化碳之外，还会生成酸、氨基酸等成分。

德国的《啤酒纯净法》

到了中世纪，被称为学府的修道院成为欧洲啤酒酿造的中心。据说有的修道院中，啤酒酿造室就被安排在面包制造工坊旁边。

11世纪后半叶，人们逐渐得知用啤酒花酿造的啤酒品质更加优良，便开始广泛传播。

1516年，慕尼黑的王侯发布了《啤酒纯净法》，其中规定："只能使用大麦、啤酒花和水酿造啤酒。"后来又加入了酵母菌，啤酒的原料就变成了仅限于麦芽、啤酒花、水和酵母菌。如今的德国仍然贯彻着这一标准。

到了 16—17 世纪，原本在修道院中进行的啤酒酿造逐渐转移
到了国家和市民的手中。在大航海时代，人们选用啤酒来替代易变
质的水。在驶往美洲大陆的"五月花"号上，堆放了 400 桶啤酒。
可以说，如果没有啤酒，大航海时代也不会取得如此丰硕的成果（但
是这对新大陆的人们来说却是种灾难）。

葡萄酒的历史

葡萄酒是将葡萄榨汁后发酵而成的。最初的酒应该是由葡萄皮
上的天然酵母制成的。

最古老的葡萄酒是在现在的格鲁吉亚高加索山脉周边地区发现
的。2017 年，在对陶器吸收的成分进行化学分析后，在其中发现了
能够证明欧亚大陆酿造葡萄的物质。陶器上描绘有葡萄房和跳舞的
男人。这个地区还留有酿酒厂的遗迹。通过分析这些遗址和文物可
以看出，早在八千年以前，这个地方就已经开始酿造葡萄酒。

使用谷物和水果的酿酒技术实际上是一件十分不可思议的事情，
甚至被赋予了一种神秘性和宗教色彩。而这种宗教性饮品的代表就
是葡萄酒。葡萄酒经过美索不达米亚、埃及和克里特（岛）被传播
到了希腊，在希腊和罗马受到人们的广泛喜爱。

古希腊的葡萄酒与如今的葡萄酒不同，十分浓厚且具有黏性，甚
至无法直接饮用，必须要用水勾兑。对于希腊人来说，葡萄酒的勾兑
和品尝方式是十分讲究的，这也是他们强调自身格调的一种方式。

symposium 一词的由来

人们认为葡萄酒之所以是深红色，是因为其中加入了酒神狄俄
尼索斯的血。希腊人在供奉酒神时的一个典型习惯就是举办正式酒
宴，被称作"飨宴"（shunposion）。

"shunposion"的参加者一般为 12 人，最多不会超过 30 人。他们会用水勾兑葡萄酒，彼此举杯畅饮，共同探讨各种各样的话题，从高尚的哲学到日常琐事，有的时候也会做游戏。由于他们长时间饮酒，有的时候会因为饮酒狂欢过度而发生争吵。

宴会上往往会暴露出人性的本质。虽说既有善良的一面也有丑恶的一面，但是只要遵循一定的规矩，酒精（葡萄酒）还是利大于弊。比如哲学家柏拉图在他的著作《会饮篇》中就描绘了一个场景，当时包括老师苏格拉底在内的所有宴会参加者都在共同讨论"爱"这一话题。柏拉图在雅典的郊外开设了"柏拉图学院"，教授哲学长达四十年之久。在讲授和讨论结束后，柏拉图会和弟子们一起用餐，喝适量的葡萄酒，依照事先定好的顺序依次发言，每个人必须认真倾听对方的话。

就这样，由柏拉图发起的宴会形式，即针对一个问题，由两人以上的发言者从不同的侧面阐述意见，进行讨论和争论的过程成为如今的 symposium（研讨会）一词的起源，一直为学术界所保留。这样想来，也许可以说葡萄酒推动了古希腊哲学的发展。

炼金术士和蒸馏酒

蒸馏就是指利用物质沸点不同，先将其变为气体，再进行冷却以分离物质的过程。

蒸馏过程中需要使用一种叫作曲颈瓶的器具。球状的容器上有一个长长的细管朝下伸展。将其中装入液体，并加热球状部分，会发现蒸汽就在细管的位置凝结，想要提取的物质就会顺着细管累积到容器中。曲颈瓶在炼金术中被广泛应用。

中世纪的炼金术士发现了制作蒸馏酒的技术。蒸馏酒是通过多次蒸馏得到的。第一次的蒸馏可以得到一种叫作"燃水"的浓度为

60% 的酒精。反复蒸馏后，会变成一种叫作"生命水"的浓度为 96% 的酒精。僧侣和药剂师们通过将药草溶入"生命水"来制作名贵药材。席卷了整个欧洲的鼠疫也恰恰成了"生命水"即蒸馏酒广泛普及的契机。在鼠疫的大流行过后，人们仍

古埃及亚历山大的蒸馏装置示意图

然保留着喝蒸馏酒的习惯。蒸馏酒酒精浓度高，且能够在短时间内让人喝醉，受到人们的广泛喜爱。

大航海时代极为珍贵的蒸馏酒

12 世纪左右，威士忌——一种以谷物为原料制作被称为"圣水"的蒸馏酒在爱尔兰首先被酿造出来。16 世纪，威士忌在苏格兰得到普及。

虽然大航海时代初期的船上堆积着很多啤酒和葡萄酒，但是这些后来全部被蒸馏酒所替代。因为蒸馏酒所占空间更小而且不会变质，适合长期保存。

17 世纪，英国、法国、荷兰在加勒比诸岛建起了一个个甘蔗种植园，为了获得廉价劳动力，开始了奴隶贸易。他们用布料、贝壳、金属容器、水瓶、铜板等来交换奴隶。其中最贵重的属纺织品，蒸馏酒（葡萄酒经蒸馏后得到的白兰地）等也十分受欢迎。

在当时，一种叫作朗姆酒的蒸馏酒也备受欢迎。朗姆酒是用制作砂糖时产生的废弃物——糖蜜制成的，价格极低但是浓度极高。蒸馏酒伴随着航海被推广至全世界，后来渐渐渗透到了人们的日常生活中。

就这样，世界上出现了威士忌、白兰地、伏特加等各种各样的蒸馏酒，如今它们也依然存在于我们的身边。

世界卫生组织（WHO）的国际癌症研究机构（IRAC）对致癌物质进行了分类，而我每天都在饮用的酒精类饮料就属于其中的 1 类致癌物。

IRAC 的致癌物分类主要用于评价引发人体患癌症的相关的物质及原因，并将其分为 5 个小类。这个等级分类建立在人体（流行病学研究）和动物实验的基础上，具有很强的科学依据。

	1类	对人具有致癌性（有明确的科学依据）——包括酒精类饮料在内共120种
	2A类	对人很可能致癌
	2B类	对人可能致癌
	3类	对人的致癌性尚无法分类
	4类	对人无致癌性

IRAC 的致癌物分类
主要将对人具有致癌性的相关物质和原因进行评价，分为五类

不过，IRAC 的致癌物分类并不是根据致癌性的强弱而是根据致癌性的证据充分性做出的分类。也就是说，即便属于 1 类，但是并不意味着摄取或暴露在该种物质中就一定会立即患上癌症。该分类并不考虑致癌强度、致癌量以及时间。只能说酒精类饮料在致癌物质分类中，致癌证据最充分。

1 类物质中除酒精外还有其他的强致癌物，在生活中也十分常见。比如，砷及其化合物、石棉、苯、镉及其化合物、六价铬化合物、甲醛、γ（伽马）射线、放射性碘污染、太阳光中的紫外线暴晒、毒性极强的二噁英、X 射线照射……

"一口闷"与急性酒精中毒

如果一个人持续饮酒，且饮酒量超过自身的解毒能力，会产生什么结果呢？血液中的乙醇量增加，除新皮质外，边缘系统、小脑、脑干及其他部分开始麻痹。紧接着根据饮酒量的多少，还有可能出现昏醉、烂醉或进入昏睡状态直至死亡等情况，这就叫作急性酒精中毒。

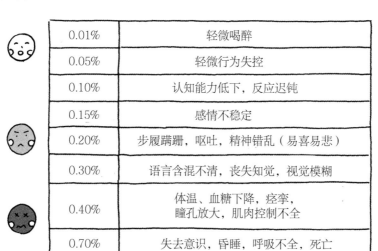

	0.01%	轻微喝醉
	0.05%	轻微行为失控
	0.10%	认知能力低下，反应迟钝
	0.15%	感情不稳定
	0.20%	步履蹒跚，呕吐，精神错乱（易喜易悲）
	0.30%	语言含混不清，丧失知觉，视觉模糊
	0.40%	体温、血糖下降，痉挛，瞳孔放大，肌肉控制不全
	0.70%	失去意识，昏睡，呼吸不全，死亡

根据血液中的乙醇浓度分类的急性酒精中毒症状

饮酒后，酒精到达大脑大约需要三十分钟。不过由于刚开始喝酒时不会产生醉感，于是便喝个不停，而大约三十分钟后，血液中的酒精浓度就会突然升高。有时会出现突然失忆等症状，甚至还有可能致死。

　　如果一个人不久前还大喊大叫，不一会就变得步履蹒跚、口齿不清，一定要立即停止饮酒。另外不要强迫别人饮酒，或者强迫别人一口闷，这些都可能导致死亡。一口闷是非常危险的，请一定避免这种行为。

　　一旦酒精上瘾，就会对肝脏造成损伤。喝酒后还有可能引发社会问题。另外，开始喝酒便很难戒掉，大脑会变得不受控制，也会引起诸多职场和家庭中的矛盾。

　　工作告一段落或是运动完后，可以通过与亲朋好友聊天来消除日常压力。酒可以是我们人生中的朋友，但是有的时候也会成为摧毁人身心的恶魔。

第八章

从陶器

到瓷器

动摇的绳文时代印象

人类学会使用火之后，开始使用火或者用灼热的石头直接烤制食物。在陶器出现后又学会了烹饪。2 万年前，人类最早发明的陶器出现于中国江西省；1.5 万年前左右，俄罗斯远东地区及中国南部也发明出了陶器。

陶器是用黏土制成的，这种土的颗粒很小，加水搅拌融合后会具有一定的黏性，可以制作成各种形状。用火烤制后，一部分黏土粒就会熔化，黏土粒互相黏合变硬形成陶器。

另外，初期的陶器是通过露天火烧制而成的，温度在 600 ~ 900℃。据说大部分都是在平地或是简易洼地中烧制的。经过陶器烹煮后，坚果（橡子、栗子、核桃等）和根茎（日本大百合、猪牙花、蕨、野山药等）会变得柔软，也没有了涩味（涩味也可用水去除）。用陶器煮过的肉味道会更加鲜美，还可以做成肉干。

此后，世界各地的人们都开始通过陶器进行烹饪，摄取营养丰富的汤汁，可以说"烹饪革命"推动人们开始了定居生活。此后，逐渐转变成为以谷物为主角的农业革命（见第六章中"农业革命与城市的建立"一节）。不论是烹饪革命还是农业革命，陶器都发挥了不可或缺的作用。

目前已知的日本最古老陶器是青森县大平山元一号遗址中出土的 16500 年前的绳文陶器，这是通过碳 14 测年法测定出的。

一般情况下，碳元素的质子数为 6，中子数为 6，合计质量数为 12，不过也存在中子数为 7 和 8 的情况，其中中子数为 8、质量数为 14 的碳元素会发生放射性衰变（发射放射线，变为其他元素）。

这种放射性衰变的速度可以通过实验算出，其中一半发生放射性衰变所需的时间，称为半衰期。碳 14 的半衰期为 5730 年。动植物的生存阶段中，碳 14 的获取量与排出量相同，一旦死亡，碳 14 就会发生放射性衰变而减少。

于是，通过测定从遗址中发现动植物遗骸的碳 14 的含量，可以计算出从原来状态变成现在花了多长时间。

但是，这却与日本课本上所学的绳文时代的知识相矛盾。

课堂上老师这样告诉我们："大约 1.2 万年前，住在日本列岛的人之所以被叫作绳文人，是因为绳子留存在陶器表面而形成了纹路，因此得名，那个时代也被叫作绳文时代。绳文时代距今大约 1.2 万年到 2300 年，当时处于狩猎采集社会。弥生时代，稻作逐渐兴起，人们也开始了定居生活。"

如今，绳文时代根据陶器制作技术的不同，大致可分为草创期、早期、前期、中期、后期、晚期六个阶段。考古学者中有一种争论，如果将时间跨度拉长来看，即假定绳文时代的草创期在 16500 年前，那就相当于要在过去说法的基础上再向前追溯 4000 多年。

关于定居生活，南日本在约 1.1 万年前开始了季节性的定居生活，10000 到 9000 年前开始了全年性的定居生活。在其他地区，绳文人基本都过着定居生活。如今的日本历史教科书中也有相关记述。

日本最大的绳文聚落是三内丸山遗址（5500 年前至 4000 年前的绳文时代前期中叶到中期末的聚落遗址）。人们在聚落的周围种植栗树，把栗子的果实当食物，把木头用作搭建房屋的柱子。

中期遗址中出土了翡翠、琥珀和黑曜岩等。翡翠的原产地在新潟县的糸鱼川流域，琥珀原产地在千叶县的铫子和岩手县的久慈。这说明当时还有与远距离地区的交易贩卖活动。除此之外，紫苏、葫芦瓢、大豆、小豆、大米等在这里都有栽培。另外还发现

第八章　从陶器到瓷器

了玉米象①和大豆的痕迹，应该是在制作陶器时，混入黏土中的。

绳文人那时应该已经开始了植物栽培，不过能否称得上是农耕还存在争议。虽然能够找出栽培大米的证据，但还是有很多考古学家认为，稻子的耕种才是农耕的基本，即与弥生时代的区别。

今后，人们对绳文时代和绳文人日常生活的印象也许会发生巨大改变。

砖块与印度河文明

世界史中的四大文明是指发祥于埃及、美索不达米亚、印度和中国的古代文明的总称，分别位于尼罗河、底格里斯与幼发拉底河水系、印度河、黄河等大河流域。

其中，印度文明（公元前3000—公元前1500，繁盛期为公元前2350—公元前1800）在20世纪初，被统治印度的英国殖民者在哈拉帕遗址和摩亨佐达罗遗址（均位于如今的巴基斯坦）发现，并通过调查逐渐了解了真相。印度文明主要以印度河水系为中心，东西长1600千米，南北1400千米，在这样的广阔水域中逐渐构建起来的。

印度文明的特征是用火砖建成的建筑群和十分精密的城市规划。

城市街区整体被东西南北走向的五六条大道分隔开，而且各自都被呈直角的交叉路口围成了棋盘状。密密麻麻的房屋是用火砖建造起来的，各家都有水井、厨房和洗衣房。每家每户排出的水都被引到了由砖制成的下水道中。

从美索不达米亚文明时代开始，砖就作为建筑材料使用。公元前4000年起的一千年间，人们一直使用经过太阳暴晒后干燥的砖。不过，晒干砖也有缺点，它经过风雨冲洗后会化为泥水。但是，由

世界史就是一部化学史

于印度文明中使用的是烧制的砖，比起晒干的砖更加结实，也具有更强的防水性。

　　印度文明的消亡一直是世界史的一大疑问之一。针对其消亡的原因一直众说纷纭。比如说，有人认为是自然环境恶化造成的，印度人"为了制造数量庞大的火砖而过度砍伐森林，导致大洪水发生"。印度文明之后，印度北部，变为雅利安人的哈拉帕农耕文化。印度文明应该并没有完全消失，而是在各个方面演变成了印度次大陆文化的源流。

窑的发明

　　窑的使用实现了陶瓷所需的高温和长时间烧制。窑是内部覆盖有防火物质，外部覆盖有隔热材料，可以高温加热物质的装置的总称。

　　烧制温度升高时，原料中的长石和石英等矿物会熔化变成瓷釉，通过高温烧制变硬。人们将烧制的成品称为陶瓷。

　　在日本，陶器也叫作土物。它以黏土（陶土）为原料，用相对较低的温度（800 ~ 1300℃）烧制而成，与瓷器相比，密度低、易碎，所以材料会更厚。表面多涂釉烧制，涂了釉的部分就像玻璃一样变得十分光滑。不过，陶器整体上大都仍保留着土的质感，十分简朴。由于与瓷器相比传热率低，所以不易升温和冷却。

美索不达米亚的窑的复原图（公元前 3500 年）

种类	特征	制品
土器	较低温烧制而成。多孔，吸水性强	花盆、陶管、屋顶瓦、红砖等
陶器	较高温烧制而成。多孔，具有吸水性，敲击会发出低沉的声音	餐具、瓷砖、卫生陶瓷（马桶、水槽）等
瓷器	高温烧制而成。不具有吸水性，坚硬，强度大。敲击会发出清脆的声音	餐具、装饰品（花瓶、陈设品）、物理化学用具等

另外，瓷器也被叫作石物。主要是指以瓷石、高岭土、石英石、莫来石等为原料，高温（1200～1400℃）烧制而成的东西。由于经过高温烤制，所以质地变硬，强度增加，可以制成比陶器更薄的样式。因其本来就十分洁白，表面十分平滑，所以涂上颜色鲜艳且细致的涂料会格外美丽。

中国瓷器的发展

白瓷是瓷器的一种，它起源于中国的南北朝时期的北齐（550—577），唐代（618—907）得到发展，在宋代（960—1279）迎来巅峰时期。以白陶土、石英、长石等为原材料制成黏土，经1300℃的高温烤制，制成美丽的白色硬质瓷器，最后就得到了坚硬、质轻、具有透明感、十分光滑的美丽白瓷。

来自中东和西洋的商人发现这种硬质瓷器具有巨大的商品价值，这是因为当时的欧洲人都是用木头或是银器、陶器盛装饮品。17世纪，这种硬质瓷器随着饮茶礼仪一同从中国来到欧洲，所到之处人们都为之狂热。

后来，中国的陶瓷器在宋、元、明、清时代（960—1912）都是重要的出口商品，甚至被出口到了遥远的西亚与欧洲。因此经由印度洋将陶瓷运送至伊斯兰文化圈的路径被叫作陶瓷之路。

瓷器在 12 世纪被传到朝鲜。江户时代初期，经朝鲜的陶工教授，日本掌握了陶瓷的制作技术。其中有田烧和伊万里烧最为出名。

麦森瓷器的诞生

一开始欧洲并不能生产硬质瓷器。各国的王公贵族和企业家们一直试图找出其制作方法。

其中，德国的萨克森选侯国的"强力王"奥古斯都二世（1670—1733）并不仅仅用瓷器来装饰宫殿，还将一位叫作约翰·弗里德里希·贝特格的炼金术士幽禁起来，命令他一定要找出瓷器的制作方法。贝特格便利用各种各样的白色矿物进行了系统性的实验。

终于迎来了转机。他得知，在自己的老家就能够开采到高岭土。1708 年，贝特格终于做出了近似于瓷器的东西。1709 年他掌握了白瓷的制作方法，1710 年，欧洲第一个硬质瓷器窑"麦森"诞生了。如今，麦森仍然是德国的名窑，被誉为西洋白瓷之首。

易北河岸的古都麦森周围有一处可以开采到高岭土的矿山，名叫塞德利茨矿山。由于临近易北河，所以材料和产品的运输也十分便利。塞德利茨矿山成为麦森窑的专属矿山，在无法进行露天开采之后，人们通过挖掘坑道进行高岭土的开采。

少年韦奇伍德的陶器制作

一直到 1700 年代，人们都没有尝试过一次性大量制作同样的盘子、碗、茶杯等陶器。一直以来，陶器工人们都是一个一个仔细地手工制作多彩的陶器。即便是同一批产品，也无法保证颜色和形状完全相同。

让我们从查尔斯·帕纳提创作的《万物的起源》一书中，探索乔舒亚·韦奇伍德（1730—1795）的化学陶器制作吧。

韦奇伍德于1730年出生在英国斯塔福德的一个陶工家庭，九岁便开始在自家的陶器工厂帮忙。少年时期具有强烈探求心的韦奇伍德不被传统的方法所束缚，虽失败多次，但仍勇于挑战采用化学方法制作陶器。

此后，他与其他兄弟的关系渐渐疏远，1759年独立建立了自己的陶器工坊。他详细地记录着新瓷釉与陶土的融合、烧制时的火候，进行了多次实验，终于在18世纪60年代初首次研究出了显色稳定、品质优良且可再次生产的陶器制作方法。他生产出的产品极具艺术性。

当时，英国迎来了工业革命黎明的曙光。蒸汽机和廉价劳动力推动了陶器工厂生产效率的提高。1765年，韦奇伍德接收到了来自夏洛特王妃的大批茶具的订单。

第二年，韦奇伍德陶瓷获准称为"女王陶"，欧洲的王公贵族们也纷纷被他的产品所吸引。据说因为喜爱陶瓷而有名的俄国女皇叶卡捷琳娜大帝也订购了200人份，合计952件"女王陶"陶器。

成为大富翁的韦奇伍德于1795年去世，临终前他将大部分的遗产都留给了女儿苏珊娜·韦奇伍德·达尔文。

苏珊娜·韦奇伍德·达尔文的儿子就是提出进化论的查尔斯·罗伯特·达尔文。达尔文一生热爱自由，全身心地埋头于科学研究。可以说，韦奇伍德对于科学的发展也做出了巨大贡献。

如今，韦奇伍德是世界最大规模的陶瓷生产商之一。

制作混凝土的水泥

水泥主要作为钢筋混凝土的原料用来建造建筑物和桥梁。把组装好的钢筋当作芯，把加入了沙子和小石子的水泥当作增强材料，加水搅拌，放置待其凝固后，就完成了混凝土的浇筑。

水泥的生产过程是将石灰石、硅石、氧化铁、黏土等碾碎成粉状，将其混合后用巨大的旋转炉加热到145℃，形成粒状的灰渣。之后，加入3%~5%的石膏，碾成粉末状。在此基础上再加水和沙石、搅拌、凝固，便成为混凝土。

古罗马时代就有各种各样的混凝土，那不勒斯郊外的波佐利还有现成的水泥。在这里，几百万年的火山喷发，累积了大量的熔岩和火山灰。同现在的水泥制造一样，罗马人通过高温加热岩石，挖掘火山口积累的岩石粉末，并将石灰与石头搅拌使用。

用混凝土建成的万神殿屋顶自建设开始已经过去了两千年，但是现在仍是世界最大的无钢筋混凝土屋顶。不过，罗马人在停止建设后一千多年里，都没有再建起一座混凝土建筑。该技术的消失至今仍是个未解之谜。

除此之外，混凝土虽然抗压但是不抗拉扯和扭转。于是，建筑物和大坝的建筑材料中多使用钢筋与混凝土结合。钢筋混凝土的普遍使用是从欧洲工业革命时期开始的。此后，钢筋混凝土的建筑物便遍布整个城市。

陶瓷制品与陶瓷材料

日本的陶瓷是从绳文土器开始的，大约一千五百年前，使用陶工旋盘、用窑烧制土器的技术传入了日本。约一千三百年前，日本开始使用瓷釉给陶瓷器物上色。一百年前左右，陶瓷逐渐在全世界实现了工业化，后来还出现了可以大量烧制瓷器的隧道窑。

陶瓷器、耐火物（火砖）和水泥等，通过改变石头和黏土等天然矿物的性状，利用窑进行高温烧制形成的产品被称作陶瓷。日语中，陶瓷原来是烧制物的意思。

陶瓷器　　　　　　耐火物　　　　　　水泥　　　　　精细陶瓷

陶瓷分类

因具有不生锈、耐热、坚硬、可以自由变换形状、不会被药品腐蚀等性质，许多的物品都以陶瓷的形式出现在生活中。

近年来，使用精品原料、具有耐热性和坚硬等以外的新特质的陶瓷也被广泛使用。因此，如今人们将"非金属无机材料在制作过程中，经过了高温处理的"都叫作陶瓷。

我们的生活中，随处可见的可以被称作陶瓷的东西有很多，比如说菜刀和削皮器的刀刃。它们都使用氧化锆为原料，利用了其坚硬（硬度仅次于钻石）、结实等性质。陶瓷刀刃的刀不易生锈，可以长期保持锋利，且不易沾上食物的味道。

另外，在对精度和性能具有严格要求的电子工业领域应用的陶瓷被称为精密陶瓷，以与普通陶瓷进行区分。

比如说，氧化铝与氮化硅一样具有优秀的耐热性、耐磨损性和绝缘性，所以经常被用于制作 IC 基板、切割工具、轴承和喷嘴。氧化硅则用于汽车的发动机零件、轴承、切割工具等。

另外，氧化锆的熔点很高，为 2700℃，所以是一种耐热性陶瓷材料。可用于氧气传感，测定氧气浓度。另外，立方氧化锆透明，与钻石相似，折射率高，所以被用于制作珠宝饰品。

精细陶瓷的例子

种类	特征和用途
氧化铝	具有耐热性、耐磨损性和绝缘性。 是精细陶瓷的典型代表，应用广泛。 IC基板、切割工具、轴承、喷嘴等
氮化硅	高温状态下坚硬，耐热耐冲击。质轻耐腐蚀性高。 汽车发动机零件、轴承、切割工具等
氧化锆	具有高强度和韧性。熔点高（2700℃），耐热性好。可以用于氧气传感，用于氧气浓度测定。可以用于设定燃烧条件，减少汽车发动机耗油量，尾气的净化。用作剪刀和菜刀的刀刃
钛酸钡	主要用于电容器的配件
锆钛酸铅	压电材料。通入电信号时会震动， 相反也可以将震动转化为电信号。 压电素子和压电振子，超声波清洗器，红外线传感等

钛酸钡主要用于制作电容器的配件，锆钛酸铅用于压电素子和压电振子、超声波清洗器、红外线传感，氧化锡用于可燃性气体的传感器。

另外，氧化铝、氧化锆、羟磷灰石（牙齿和骨头的成分）等作为生物陶瓷，可用作人工关节、人工牙、人工骨的材料等。

在日本，陶瓷是从绳文土器开始的。将陶土捏成容器的形状后烧硬，作为储存食物的容器。另外，陶瓷还被用作煮饭的容器。借助陶瓷器的蒸煮，肉会变得软烂并产生香味，变得容易消化，蘑菇、坚果和根茎的涩味会被去掉，食材会变软。最重要的是可以将病原菌杀死。

陶瓷不仅仅被用于制造容器，还广泛用作建筑材料，如瓦片、陶管、瓷砖和砖块，以及厨房水槽和马桶等用途。用于制造混凝土的水泥也成为钢筋混凝土、大坝等社会基础建设的基石。

随着陶瓷不断发展，出现了高性能精细陶瓷。在未来，将会研究并开发出更多不同的类型和用途。

与金属和塑料相比，陶瓷具有很大的优势，即"它们最终会回归土壤"。这一点是当我去印度旅行在当地喝茶时感受到的。当地人用素陶容器喝茶，将茶水喝完后，他们会把容器摔在地上，不仅如此，他们还会用脚去踩这些碎片直至它们成为粉末回归土壤。（不过遗憾的是，如今印度也越来越多地使用塑料容器。）

第九章

被玻璃

改变的

城市风景线

被玻璃包围的现代社会

从早上醒来到晚上入睡，我们无时无刻不与玻璃打交道。

你使用的镜子是玻璃。在餐桌上，玻璃餐具和杯子更是不可或缺。电视、智能手机或笔记本电脑，显示屏都是用玻璃覆盖的。阳光透过玻璃窗照射进来，出行使用的汽车和火车等交通工具的窗户是玻璃。当然，玻璃也大量用于公司和学校等建筑中。

在现代社会，我们甚至无法想象一个没有玻璃的生活空间是怎样的。

玻璃透明且易成型。1959 年，英国的皮尔金顿公司发明了浮法工艺，这种工艺可以称为平板玻璃行业中最具革命性的发明。

浮法工艺是指将熔化的玻璃在容器中加热到大约 1600℃，然后让玻璃液连续流入并漂浮在熔化的金属锡上。由于液态金属的表面十分平整，玻璃液逐渐冷却的过程中，便自然平铺在液态锡表面。待完全凝固后将其连续抽出。这一操作完成后不需要进一步抛光，形成的玻璃板上下表面十分平整。

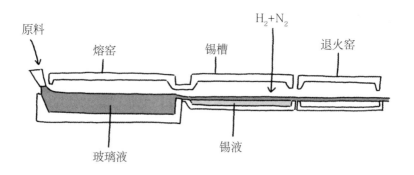

浮法工艺
为了防止氧化，锡液池中充满了氢气和氮气的混合气体。

另外，设备规模的扩大也推进了生产效率和节能效率的提高。

为了满足汽车工业的需求，生产出了厚度为 2 ~ 3 毫米的薄且不会变形的浮法平板玻璃。后来随着薄板技术的进一步发展，生产厚度为 1.1 毫米或 0.7 毫米的超薄玻璃成为可能。

玻璃工业分为三个门类：平板玻璃、光学玻璃和玻璃制品（瓶子、家用器皿、装饰品等），以平板玻璃为主。

玻璃的缺点是"坚硬但易碎"以及"耐热但也容易受到温度突然变化的影响"。为了解决这些问题，成功开发出了即便摔碎也不会飞溅的"夹层玻璃"、破碎时会碎成小颗粒的"钢化玻璃"以及耐热玻璃等，并被应用于许多领域。

玻璃的起源

人类是何时开始制造玻璃的？过去人们把自然界中存在的黑曜石（黑曜岩）等玻璃质岩石用作石刀。

关于人类对玻璃的发现，有很多种说法。玻璃可以由石头或沙子中的物质制成。所用到的主要材料是硅砂（石英）、碳酸钠（纯碱）和碳酸钙（石灰石）。埃及第四王朝时期（约公元前 24 世纪）的遗迹中发现了吹制玻璃的图纸。据推测，早在公元前 5000 年左右，埃及、美索不达米亚地区就生产出了玻璃珠。这也是目前已知最早的玻璃制品。

在古埃及和美索不达米亚（西亚），公元前 450 年左右就出现了制作蓝陶的技术。它被用来替代当时十分珍贵的绿松石和青金石，并被广泛用作装饰品和陪葬品。瓷釉是用类似于制造玻璃的物质制成的，因此在烧制时，表面会变成玻璃状。所以人们认为经过这一程序制成的东西就是最初的玻璃。

还有这样一个故事。

距今 2000 年前，一个叫作普林尼的学者在其著作《自然史》中写道："距今 3000 年前，在腓尼基（现在的黎巴嫩），一个卖纯碱的商人正要准备做饭，由于没有找到石头支撑，他便把锅放在一块纯碱上作为支撑，后来发现纯碱与沙子竟混合形成了玻璃。"

然而，这种说法是值得怀疑的。因为，沙子中必须要有硅砂（石英）和碳酸钙（石灰石）才能形成玻璃。如果这是真的，未免太过巧合。而且仅仅只是生火做饭的温度，怎么可能形成玻璃呢？

我曾经在高中的化学课上制作过"铅玻璃"。它虽然属于玻璃的一种，但是并不需要很高的温度就可以制成，原料是硅砂粉、氧化铅和碳酸钠。我把装满了原料的坩埚放进了用两个花盆上下垒起来的炉子里，并用煤气喷灯进行加热。只要有一个能够保持 800℃的炉子，坩埚中的氯化钠就可以熔化成液体。非常抱歉，但恕我直言，日常做饭生火的温度下制作玻璃是不可能的，因为它需要比铅玻璃更高的温度。

总之，就当作玻璃是被偶然制造出来了。接下来，需要将熔化的玻璃倒入一个模具（铸造玻璃），或者用木棒沾一些泥土作为型芯，外面裹上玻璃液，据说这样就能制成壶和瓶子。

吹制玻璃的发明

吹制玻璃是在公元前 1 世纪发明的。空气进入经过高温加热变为红色的熔化玻璃中，使其冷却，形成一个球体。它可以用来制作装饮品的容器。以这种方式制作的玻璃器皿开始作为日常生活用品流行起来。罗马帝国的透明玻璃器皿被称为罗马玻璃。

中国战国时期（公元前 5 世纪—公元前 3 世纪）的墓葬中发现了大量的玻璃器皿和圆形玻璃珠。后来，汉代（公元前 206—220）出现了铸造玻璃，唐代（618—907）出现了吹制玻璃。在日本，最早的玻璃珠在弥生时代的一个废墟里被发现，普遍认为它是在汉代从中国传到日本的。

5世纪时，人们开始采用切割技术。罗马玻璃的技术被萨珊玻璃所继承。波斯萨珊王朝制作的这种玻璃，特点是被切割成了圆形。正仓院中保存的白琉璃碗就是其中的代表之一。

大约在5—14世纪，伊斯兰玻璃继承了萨珊玻璃，新技术得到了发展，其中最具有代表性的便是珐琅工艺。

12世纪，为了保护和发展玻璃工业，威尼斯共和国将所有的玻璃制造工匠和他们的家人集中到穆拉诺岛。15—16世纪，玻璃产业迎来了巅峰时期，生产出了镜子、杯子、台面玻璃、吊灯和许多其他类型的威尼斯玻璃。

将玻璃窗广泛应用的德国人

大约在公元前400年，罗马人首次将玻璃加工成了窗户。然而，在温暖的地中海气候地带，玻璃窗实用价值不高。

窗户的英文是"window"。它来源于"wind=风"和"ow=看，眼睛"。在北欧，古代的房屋在屋顶上都有洞，或称"眼睛"，用来排放烟雾和污浊空气。因为风会从这些洞吹进来，所以它们也被称为"风的眼睛"。后来，英国人给这个允许空气流通的开口，即"风的眼睛"赋予了一个新的名字叫"window"。不久后，窗户（window）也被装上了玻璃。

公元前1世纪，吹制玻璃的发明使制造优质玻璃窗成为可能。而使窗户玻璃的制造兴起的正是在中世纪早期十分寒冷的德国。玻璃窗既透明又具有防水性，可以透光的同时又可以阻挡风雨。

玻璃工匠制作玻璃窗的方法之一是圆筒拉制法。将熔化的玻璃吹成球体，然后来回摇晃，形成一个椭圆的圆柱体，再将其纵向切开，压成平板。尽管当时只能做出一些较小的玻璃，但可以用铅将它们连接起来，做成一个大玻璃窗。

此外，经过瓷釉涂色的彩色玻璃和花窗玻璃成为展现财富和品位的一种方式，并被用于教堂建筑中。后来，玻璃窗逐渐得到普及，从教会推广到富裕家庭中。

另外，当时用圆筒拉制法做成的玻璃窗的最大直径约为 1 米；但到了 17 世纪，玻璃制造技术已经发展到可以制造出宽 4 米、长 2 米的平板玻璃。1687 年，人们发明了压延玻璃成型工艺，将热熔玻璃铺在一个大铁台上，用沉重的金属滚筒碾压和拉伸。

炼金术推动了玻璃器具的发展

在炼金术中（见第一章中"四元素说和炼金术"一节），火发挥着重要作用。它可用于加热熔化、加热分解、加热灰化、蒸馏、熔化、蒸发、过滤、结晶、升华（从固体直接变成气体）、汞齐化（将金属与汞制成合金，以进一步提炼）等。

这一操作需要窑炉或坩埚来实现。人们将黏土与沙子混合并烘烤使其变硬，制成具有耐火性质的坩埚。在炼金术时代之前就出现了炉子坩埚和玻璃。

在炼金术时代，烧杯和烧瓶是由玻璃和陶器制成的。蒸馏时通常使用一种叫作曲颈瓶的玻璃器皿（见第四章中"近代化学之父拉瓦锡"一节、第七章中"炼金术士和蒸馏酒"一节）。许多目前仍在使用的实验室玻璃器皿都起源于炼金术时代。

另外，玻璃还被用来制造镜头。望远镜的发明极大地拓宽了人类对宇宙的认识，而显微镜的发明则对细胞学、微生物学和医学等领域做出了重大贡献。

玻璃的主要原料是硅砂（石英），它是由一种叫作二氧化硅（硅和氧的化合物）的物质组成的。二氧化硅晶体会形成无色透明、六角柱状的石英，其微观是由硅原子和氧原子互相结合形成的规则立体构造。

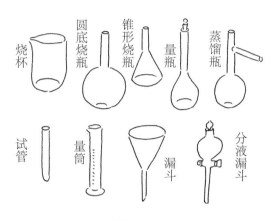

化学实验玻璃器具

类似于石英这样的，构成物质的原子、分子和离子有规律地排列，相互接触的固体被称为晶体。

然而，在玻璃中，钠离子和钙离子被困在二氧化硅的三维结构中，这使固体具有不规则结构。玻璃是一种非晶体固体，即非晶态（非结晶）物质。玻璃中的原子排列没有规律，这使得它与固体的典型代表（结晶）具有很大不同。此外，加热玻璃时，在达到一定温度时，它不会液化（熔化），而是变得非常柔软，最终变成液态具有流动性。

为什么玻璃是透明的

所有物质都是由原子组成的。原子是由位于其中心的原子核和围绕在原子核周围的电子组成的。一个原子的大小约为一亿分之一厘米，其中心的原子核约占其中的十万分之一或一万分之一，周围的电子也非常小。

如果把一个原子比作东京巨蛋体育馆，那么其中的原子核大约是一日元的大小，电子大约是一粒沙子的大小。因此，所有物质的内部基本上都是空的，这样光才可以在不撞击到原子核和电子的情况下穿过物体。

虽说如此，一些物体之所以不透明，其实还有其他原因。比如可见光在物体表面或内部被反射，或者可见光被构成物体的材料吸收，等等。所以要想使物体保持透明，不仅需要它"不反射可见光"，还需要"不吸收可见光"。

例如，类似于金属等物质就不是透明的，因为其表面可以反射可见光。有些物体，如透明塑料板，平整状态下是透明的；但如果表面被划伤，光线就会被反射，物体就会丧失透明性。透明的冰如果做成刨冰后也会失去其透明度。一旦物质结构中出现了分界线，它就不再透明。

玻璃之所以是透明的，是因为玻璃结构中没有分界线，是整体连续的，这使得其表面或内部既没有发生可见光的反射，可见光也没有被吸收而是完全通过，这两个条件同时被满足。

顺便说一下，玻璃对紫外线并不完全透明。它吸收了一些紫外线辐射，这就是为什么穿过玻璃的阳光不容易在我们的皮肤上造成晒伤（与阳光直晒相比）。

支撑互联网的光纤

如今互联网的使用需要连接着光纤。支持信息和通信的光纤是直径为 125 微米的细玻璃丝组成的。玻璃的主要成分是二氧化硅，纤芯由二氧化锗制成，这样可以增加其折射率。纤芯的直径为 9 微米。携带信息的光（近红外线）主要通过纤芯。

芯外包围的玻璃封套，俗称包层，其折射率比纤芯低。包层使得光线保持在芯内。光线在纤芯传送，当光线射到纤芯和外层界面的角度大于产生全反射的临界角时，光线透不过界面，会全部反射回来，继续在纤芯内向前传送。

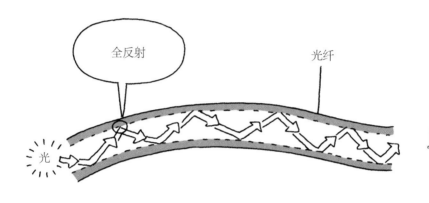

光一边重复全反射过程一边前进

光纤的工作模式

另外，为了使光可以在不被削弱的情况下传播到远处，光纤所用材料需要透明度高且纯度高。光缆是由几根到几百根光纤捆绑在一起构成的。到达每个家庭的光缆包含一条或两条光纤线，而基站之间使用的是 1000 芯的光缆，含有 1000 条光纤线。

横跨太平洋的海底光缆因为需要沉没到深海中，所以十分坚固。而在浅海中则会使用铁线包裹以保护它们不被鲨鱼咬坏。

未来的玻璃

我们周围有很多玻璃制成的东西，窗户玻璃、瓶子、杯子、镜子和餐具等等。除了这些日常用品外，玻璃还用于制造试管和烧瓶、镜头或玻璃纤维，用途十分广泛。玻璃是透明的，不渗透气体和液体，耐酸，不会生锈，相对耐高温，并可根据需要形成任何形状。

玻璃的缺点之一是它很脆弱，在受到强大的力量时，或在短时间内急速加热和冷却时就会破碎。举例来说，一部彻底改变了我们生活方式的智能手机，就使用了几种类型的玻璃：用厚度不到 1 毫米的玻璃来作为显示屏，用薄而不易碎的玻璃来保护显示屏，以及用于校正色彩的玻璃。这些玻璃必须具有防刮伤、不易碎且能抵抗温度变化的性质。如今不仅仅是类似于传统的平板玻璃那样的厚玻璃，超薄玻璃的需求也在增加。

玻璃的性质

透明性		透明，也可以上色后变得不透明
不透过性		气体和液体不通过
化学耐久性		耐酸，不会被腐蚀不会生锈
耐热性		100℃的高温下也不会变化
电绝缘性		不导电

2011 年 5 月，世界领先的平板玻璃公司旭硝子（现 AGC）宣布其使用浮法工艺生产出了 0.1 毫米厚的玻璃。2014 年 5 月，该公司又成功地用浮法工艺开发出了 0.05 毫米厚的超薄平板玻璃，并生产出了 1150 毫米宽、100 米长的可卷起玻璃。这种超薄平板玻璃具有极佳的透明度、耐热性、耐化学药物性、气体阻隔性和电绝缘

性等特点。由于其重量轻且灵活，被用于有机电致发光（EL）照明和触摸板等领域中。

在建筑用平板玻璃领域，亚洲的新兴平板玻璃企业正在加速成长，逐渐将日本玻璃企业挤出平板玻璃市场。今后日本的玻璃企业会对平板玻璃和超薄玻璃工艺实现怎样的技术革新来应对冲击，我们拭目以待。

第十章

金属

孕育出的

铁器文明

多姿多彩的现代金属

丹麦考古学家、古代北欧博物馆（丹麦国家博物馆的前身）馆长克里斯蒂安·汤姆森（1788—1865）根据用于制造工具，特别是刀具的材料变化，将博物馆的藏品分为了三种类型——石器、青铜器和铁器。自那时起，就一直采用这种区分方式即将人类文明史分为三个主要时期："石器时代"（有时分为旧石器时代和新石器时代）、"青铜器时代"和"铁器时代"，一直沿用到今天。

现代是铁器文明的延伸。金属可以进行自由加工，而且由于足够坚硬，能够被应用到多种场景中，极大地推动了文明的进步。金属材质的演化主要经历了从青铜到铁，然后到钢（铁和碳的组合）的过程。钢，由于坚硬牢固，成为制造工具、武器、机械和建筑的首选材料。

铁可以用来制造具有优良特性的合金，因此铁的用途非常广泛。例如，钢是铁和碳的合金。

目前，全球金属生产量中铁排第一位，其次是铝和铜。

碳素钢

碳含量	种类	用途	
约0.3%以下	低碳钢	钢管、建筑材料、铁板、钢铁线、车轴、机械类	
约0.3%～0.7%	中碳钢	木工用具、齿轮、弹簧、锉刀、车轮、小刀、剃刀、钢球	
约0.7%以上	高碳钢	钢笔尖、子弹	

117

铸铁与钢

高炉中炼出的铁是生铁。生铁可以制成铸铁和钢。铸铁的碳含量约为2%以上（大多数铸铁为3%以上）。由于铸铁的熔化温度较低，可以使其熔化为液态，倒入所需形状的模具中凝固后作为铸件使用。这种方式能够使用模具制造大量形状和尺寸接近的铸件。

利用转炉或平炉对生铁进行加工，将碳含量从4%左右降至2%以下（大多数钢的含碳量低于1%），可以制成碳钢（普通钢）。

碳钢中的碳含量越高，强度越高，硬度也越大，但同时塑性也降低。钢的性能可以通过热处理（淬火、回火）改变。

按照钢的质量划分，除了普通碳素钢外，还有优质碳素钢和高级优质钢、特级优质钢。这些钢通过添加或调整其中所含锰、镍、铬和钼等金属元素的成分达到不同的效果，由于其优越的韧性、耐热性和耐腐蚀性，可用于普通碳素钢无法使用的恶劣环境中。

铁曾比黄金更贵重

自然条件下作为单质存在的金属包括金、铂以及较少的银、铜和汞等。黄金和铂金被称为天然黄金和天然铂金。这些金属成为阳离子（电离倾向）的倾向性较低。

当一种金属原子成为离子时，它的原子中失去一个电子，成为阳离子。氧原子和硫原子易获得电子成为阴离子。实际上，许多金属通过与氧和硫结合，成为氧化物和硫化物存在于自然界中。在这种情况下，金属原子给氧原子和硫原子电子，成为金属阳离子，氧原子和硫原子获得电子，成为带负电的氧化物离子和硫化物离子。

由于带正电的阳离子和带负电的阴离子因正负电吸引力而结合，所以许多金属以氧化物或硫化物等化合物的形式存在于矿石中。

一些具有低电离倾向的金属不会成为阳离子，而是成为金属单质，如黄金，它是由金原子自然构成的。即使成为阳离子，它们与氧化物和硫化物离子的微弱结合也意味着它们相当容易挣脱，重新成为金属单质。人类一直以来将具有低电离倾向的金、铂、汞、银和铜作为金属单质使用。

陨铁的主要成分是铁，它们来自宇宙，所以十分珍贵。因此，在古代，铁是一种比黄金更昂贵的金属。古希腊的斯特拉波（约公元前63—24年）在其著作《地理学》中，有一段关于以10比1的比例将金换成铁的记载。

古代社会最早使用的两种金属是金和铜。黄金被用来制作装饰品。在美索不达米亚和埃及，青铜时代大约始于公元前3500年。公元前3000年左右，克里特岛的克诺索斯宫使用了铜，公元前2750年左右，埃及的阿普西尔神庙中使用了铜质水管。

火的技术应用与青铜器制造

大多数金属元素以氧化物和硫化物等化合物形式存在于岩石（矿石）中，或以离子形式存在于海水中。随着生产力的提高，人类开发出了通过木炭与矿石混合加热，以获得大块金属的技术。这是用火"将化学反应应用于生产技术"的一次尝试。

青铜器是最早被使用的金属器皿。青铜是一种铜和锡的合金。由于铜和氧之间的结合力不强，因此可以很容易地从氧化铜矿石中提炼出铜。青铜很可能是在富含铜和锡的矿石中点火时偶然形成的。我们可以推测出，人们将铜矿石和锡矿石与木柴（用作燃料的细树枝或被劈开的木头）交替叠加放置，然后点火。

后来，人类开始使用木炭替代木材。木炭在高温、充满石块的炉子中进行反应，还可以通过"风箱"将空气鼓入炉子中，这将使炉内温度增高，反应更容易进行。

将得到的金属块收集起来，放在粗陶坩埚中，用风箱向炉子中吹风，加热后，金属熔化成液体，然后将其倒入模具中。

公元前 2000 年左右的埃及壁画中出现了脚踏式风箱和模具。在古代中国的商朝、地中海的迈锡尼和米诺斯文明以及中东等地，青铜器被广泛制造和使用，世界迎来了青铜器时代。

铜本身质地较软，加入锡生成合金时可以调节其软硬程度（取决于其中锡的比例）。由于青铜可以比铜更坚硬、更牢固，因此被广泛用于制造锤子和犁等农具，以及剑和矛等武器。与石器相比，青铜器不容易缺损，即便损坏，还可以将其融化并重新铸造，十分方便。

和同开珍与奈良大佛

即使到了铁器时代，铜仍然是制造硬币、锅、水壶和其他铸件以及手工艺品的材料。元明天皇庆云五年（708 年），在武藏国秩父郡（今埼玉县秩父郡）发现了日本第一块铜矿石，并将其呈献给了朝廷。它是露天开采出的高纯度天然铜。

以此为契机，日本第一种流通硬币"和同开珍"诞生了。天然铜的发现是一个值得庆贺的大事，所以"和同开珍"第一次发行的年份就成了和铜元年。其实在"和同开珍"之前还有"富本钱"，但是它并未得到广泛流通。

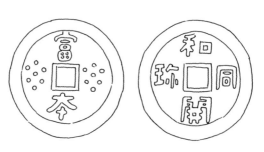

"富本钱"和"和同开珍"

据推测"富本钱"是 683 年左右在日本制作出来的，比 708 年（和铜元年）发行的"和同开珍"还要悠久。不过在日本广泛流通的硬币是"和同开珍"。

在东大寺大佛铸造完成后，人们对其进行了修缮。752 年，修缮工作完成，进入镀金工序。

有记录显示，当时使用了 500 吨铜、2.5 吨汞和 438 千克黄金。1991 年，在东大寺的院子里发现了世界上最大的熔炉之一。该熔炉的预估熔化能力约为 6 吨。人们认为，铜和锡就是在这个炉子里熔化后倒入坑里的模具中的。

天平胜宝元年（749 年）10 月 24 日，大佛铸造完成。这一年，人们在陆奥国户田郡(宫城县户田郡)发现了黄金，并将其献给了朝廷。

圣武天皇大喜，并下令为大佛镀金。圣武天皇对铸造大佛的强烈热情，似乎是基于他的宗教信仰，以及对佛祖保佑国家平安的期待。

天平宝字元年（757 年），金黄色的大佛终于完成镀金。奈良大佛是一尊光彩夺目的镀金佛。当时应用的镀金方法是在表面涂上金汞合金（也就是溶于汞的金），之后用炭火使汞蒸发。

东大寺大佛
全身镀金，闪耀着金黄色的光芒

古代的炼铁技术

与氧化铜中的铜与氧的结合相比，氧化铁中的铁和氧的结合要强得多，所以提炼铁非常困难。然而，由于铁在农业机械和武器应用中性质远远优于青铜，当铁的提炼成为可能后，青铜文明让位于铁器文明。

在古代，因铁器制造而兴盛起来的，是公元前2000年左右出现的印欧语系的赫梯帝国。赫梯帝国是首个生产铁制武器和由马匹牵引战车的国家。这些都是当时最先进的军事装备。赫梯人消灭了巴比伦人，并与埃及的新王国争夺权力。然而，他们的辉煌仅仅持续到公元前12世纪。帝国落入从地中海入侵的"海族"之手。据说赫梯人的技术也传播到了周边国家。

近年来，一个日本研究小组在早于赫梯帝国出现约一千年的地层中发现了大量的非陨铁人造铁。这也许可以颠覆人们普遍认为的"赫梯帝国最先开始制造铁器，垄断了技术并征服了周边地区"这一看法。很可能存在比赫梯人更早开始冶炼铁的民族。

那么，究竟是怎样冶炼铁的呢？将铁矿石（或铁砂）和木炭在炉子里分层，木炭燃烧时，铁矿石（或铁砂）的主要成分氧化铁在400～800℃的温度时发生反应，将氧去除留下铁。

在这个温度下生成的铁不会变为熔融状态。产生的铁是一种烧红了的类似于海绵状的东西。在铁砧上保持着烧红的状态，用锤子敲打冶炼，杂质被挤压出来，产生相对纯净的"熟铁"。这就是人们常说的"铁的锻炼"。

炉子中进行的主要是一氧化碳对氧化铁的还原过程。一氧化碳是由炭燃烧产生的二氧化碳与木炭的碳反应形成的。换句话说，氧化铁与一氧化碳反应，产生铁和二氧化碳。如果我们假设铁矿石是红铁矿，那么化学反应方程如下：

$$Fe_2O_3 \ + \ 3CO \ \longrightarrow \ 2Fe \ + \ 3CO_2$$

氧化铁　一氧化碳　　　　　铁　　二氧化碳

《幽灵公主》与"Tatara 制铁法"

炼铁方法由西亚向南传播，从印度经由中国江南（长江周边地区）传入日本。在中国，青铜器的生产十分兴盛，但也存在铁器的生产。据估计，日本铁的生产开始于弥生时代后期到末期。

在日本，利用 Tatara 制铁法的铁器制造业不断发展。Tatara 制铁法是指将原材料和木炭放在炉子里点燃，然后用风箱向炉子中送风以增强火势并提炼铁的技术。

宫崎骏导演的动画电影《幽灵公主》是以日本的一个炼铁村（大约在室町时代）为大背景展开的。其中有一个场景是，一群勇敢的妇女踩在踏板上，这个踏板就是炼铁时向炉子中送入空气的"风箱"。不过在现实中，这其实是一项非常艰苦的工作，所以应该不会由妇女进行，但它非常精彩且形象地描绘了 Tatara 制铁法。

在 Tatara 制铁法中，铁砂（一种叫作磁铁矿的矿物颗粒，由四氧化三铁组成）和木炭被交替添加到炉子中。一旦火被点燃，就会不间断地持续三天。炉子最后会被拆毁，所以每次都要重建。制成的铁块中就含有优良的钢（名为玉钢）。

日本刀就是敲击"玉钢"使其延展、折回，然后趁其在红热状态时敲打使其结合，这一过程要重复十几次。铁块的其他部分会在一个被称为"大锻造厂"的地方冶炼，用来制作刀具和其他各种工具。

就这样，从江户时代末期到明治时代初期，Tatara 制铁法迎来了繁盛期。但到明治时代后期，由于工作量巨大，逐渐被使用高炉的西式炼铁法所取代，到了大正时代便完全消失了。

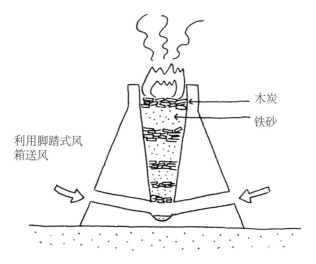

利用脚踏式风
箱送风

木炭

铁砂

Tatara 制铁法使用的炉子
在地下构造中使用黏土做成箱子形状的火炉，
并利用"风箱"送风

如今，为了保护传统技术，人们正在重现 Tatara 制铁法的炼铁
过程。日本美术刀剑保存协会在岛根县建立了一个只在冬季运作的
名叫"日刀保 Tatara"的工厂，在这里生产的玉钢被用来制作日本剑。

高炉法的发明和发展

高炉法始于 14 ~ 15 世纪的德国。使用水车将空气吹入炉内以
提高炉内温度。借助高炉法，在高温下被还原的铁会吸收碳。由于
熔点降低，1200℃左右就可以使铁熔化，由此生产出液体生铁。

与碳含量较低的熟铁不同，用高炉法生产出的生铁很脆，用锤
子敲击时会断裂。为了像熟铁一样使用，必须用精炼炉将其中的碳
剥离出来。具体来说，在生铁熔化时将空气注入其中，以烧掉碳，
将其变成熟铁。

英国首先在 18 世纪 60 年代开始了工业革命。中世纪时，英国

拥有着丰富的森林资源；然而到了 17 世纪末，森林覆盖率已降至 16%。据说，森林的减少是由于炼铁使用了大量的木炭。而当时的煤炭资源是很丰富的，于是便开始用煤炭来替代木炭。英国的煤炭年使用量从 16 世纪上半叶的 20 万吨大幅增加到 17 世纪下半叶的 150 万吨。

　　然而，使用煤炭炼铁也存在问题。煤炭中含有成分不纯的硫，导致生产出的铁较脆。这一点通过使用多孔焦炭得到了解决。多孔焦炭通过烘烤煤炭制成，在生产过程中可以去除掉硫。

　　18 世纪下半叶，随着从木炭到焦炭的转变，英国的煤炭年使用量急剧上升。在 19 世纪初，仅用六个月的时间，煤炭年使用量就从约 1000 万吨上升到 6000 万吨。

　　通过用煤取代木炭，脆性生铁变成柔软、韧性强的熟铁。生铁在反射炉中被煤和空气燃烧所产生的热量熔化，然后用铁棒搅拌，之后，碳会被烧尽并得到铁块。

钢的量产与转炉法的发明

　　随着铁的使用日益广泛，人们需要一种兼有生铁和熟铁优点的铁材料，它需要满足坚硬、有韧性等条件，这就是钢。第一个推动了高韧性钢大规模生产的是英国人亨利·贝塞麦（1813—1898），他在 1856 年发明了转炉工艺。

　　贝塞麦将熔化的生铁放在一个转炉中，并向其中吹入冷空气。空气中的氧气导致生铁中的硅燃烧，迸发出火花并产生热量。大约 10 分钟后，炉子突然爆发出巨大的火焰，生铁中的碳开始燃烧。这种反应产生出的热量使炉子里的温度上升到 1500 ~ 1600℃。大约 20 分钟后，炉子便安静下来，此时碳含量减少，钢形成。

　　当时，他身边的人推测是因为有冷空气进入了熔化的生铁中导致铁变硬。但他遵循自己的科学判断，不顾周围人的反对，认定铁不会因为空气中的氧气与生铁中的碳和硅反应时产生的热而硬化。

而实际上，炉内温度非但没有冷却下来，反而大大升高，在短短 20 分钟内就生产出几十吨熔融的低碳钢。最后，他还加入了适量的碳，调节其比例制成了钢。

此后，人们还开发出了托马斯工艺和平炉工艺。前者成功从富磷矿石中冶炼出钢，这是贝塞麦的转炉工艺未能做到的；后者利用燃料将低碳废铁与生铁在高温下熔化，充分混合之后，制成了碳含量高的钢，二者都推动了钢材产量的大大提升。

钢制大炮与德意志帝国的建立

利用贝塞麦的转炉工艺并没能制造出钢铁材料的大炮。一直以来的大炮都是用青铜材料制成的。1867 年的巴黎世界博览会上，军火商阿尔弗雷德·克虏伯（1812—1887）展示了一门 1000 磅的大炮（口径 35.5 厘米，炮筒重量 45 吨）。

贝塞麦最初开发转炉工艺是有原因的，是因为军方要求他生产出能够承受大型炮弹发射的炮筒材料——铸钢。如果用坚固的钢铁来制作的话，炮筒也会变得更加结实。

钢制大炮的出现对欧洲的军事平衡产生了重大影响。1862 年，冯·俾斯麦（1815—1898）被任命为普鲁士的首相。当时，普鲁士企图统一德国。俾斯麦在议会的演讲中指出，德国的统一问题将通过铁和血来解决。而铁就指的是钢铁制的大炮。

普鲁士军队抢先从克虏伯订购了 300 门大炮，领先于其他所有国家，而其军事力量也因此得到了飞跃式的增强。克虏伯大炮耐高温、耐高压，可以发射 300 发炮弹而完好无损。

1863 年，丹麦国王宣布吞并石勒苏益格公国。1864 年，俾斯麦邀请奥地利加入他的反丹麦运动，出兵战胜了丹麦，并将一直在丹麦主权下的石勒苏益格和荷尔斯泰因两个公国分别置于普鲁士和奥地利的管理之下。这两个公国都有大量的德国人，对普鲁士统一德国至关重要。

1866年，就这两个公国的所有权问题普鲁士挑起战端，宣布与奥地利开战。普鲁士王国仅用了七个星期就取得了压倒性的胜利。然而，法国皇帝拿破仑三世担心在邻国建立一个强大的统一国家会威胁到自己，便百般干预，所以即便是在与奥地利的战争中取胜也无法促成德意志帝国的建立。

1870—1871年的普法（普鲁士和法国）战争以法国的宣战开始。普鲁士的钢制大炮以压倒性优势战胜了法国的青铜大炮。战争结束后，1871年2月，在凡尔赛的镜厅签署了一份临时和平条约，随后在5月正式签署了《法兰克福和约》。就这样，1871年，德意志帝国成立了，以普鲁士为中心的德国统一大业终于完成。

1918年，随着第一次世界大战的失败，德意志帝国不复存在，但钢铁在第二次世界大战中仍作为兵器的主要制造材料得到广泛的使用。

大型高炉中诞生的近代炼铁

1951年，由奥地利发明的一种叫作"LD法"的纯氧转炉法在世界范围内迅速传播，使用"空气"的转炉法和平炉法热度逐渐衰退。该方法使用氧气（近100%的氧气被称作纯氧）替代空气在熔融铁水的顶部以超音速吹送。现在，从顶部和底部吹纯氧的方法也已经被开发出来。

20世纪下半叶，第二次世界大战后，世界经济迅速发展，消费者对铁的需求急速扩大。如今，高炉虽然转变为大型化，但是其中的基本构造没有变化。铁仍是通过在高炉中还原铁矿石，如赤铁矿（主要成分为 Fe_2O_3）而炼出来的。

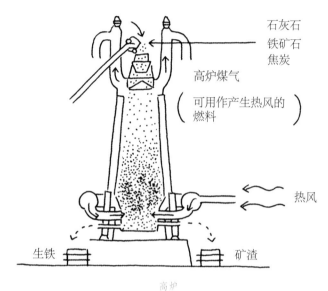

高炉

石灰石
铁矿石
焦炭

高炉煤气

（可用作产生热风的燃料）

热风

生铁　　　矿渣

焦炭燃烧后，温度达到 1500℃，形成一氧化碳使铁矿石还原。
铁矿石中的岩石与石灰石发生反应变为矿渣，浮在熔融生铁上面。

后来，该技术经历了一些改良，如连铸等其他联动操作，以及计算机的自动控制等。通过这些技术上的进步，逐渐满足所有炼钢需求。另外，对不需要使用高炉的炼铁方法的探索也在持续。

有铁就有国家

在早期，人类通过用木炭加热铁矿石和铁砂以获得铁块。炼铁的开始也意味着铁器文明的展开。

在 19 世纪，高炉法得到发展，焦炭被用来生产熔化的铁水。通过改变碳含量，钢铁的性质得到进一步的提升。

"钢铁是一个民族。"这句话出自俾斯麦的一次演讲。这位铁血宰相在 19 世纪用武力统一了德国。钢铁是国家力量的源泉，因为它是建造大炮和铁路不可或缺的材料。如今，钢铁的产量仍然是衡量国家实力的重要标准。

根据世界钢铁协会的数据显示，2019 年世界粗钢产量为 18.7 亿吨。中国是世界上最大的生产国，生产量达 9.963 亿吨，占世界粗钢产量的一半。其次是印度，有 1.112 亿吨。日本是第三位，产量为 9930 万吨，自 2019 年以来，首次跌破 1 亿吨。美国以 8790 万吨的产量位居第四。俄罗斯排名第五，为 7160 万吨。韩国排名第六，为 7140 万吨。

日本重振的关键是开发出卓越的钢铁材料。在汽车行业，两次石油冲击造成原油价格高涨之后，日本一直致力于制造出更轻更坚固的汽车。日本在 21 世纪初与世界各地的钢铁公司合作，开展钢铁超轻量级汽车项目，实现了减重 25% 的成果。

不过，在炼钢过程中，每年排放的二氧化碳总量达到了 30 亿吨（约为世界二氧化碳排放总量的 9%）。未来，整个钢铁行业将有必要实行节能减排（减少二氧化碳排放量）。

在中国和印度等新兴钢铁生产国崛起的大背景下，日本需要开发出更强、更持久、性能更加优良的高级钢铁，同时研究出减少二氧化碳排放的生产方式。

拿破仑三世和铝

接下来，让我们把目光转向全球使用量仅次于钢铁的第二大金属——铝。铝的重量轻，易于加工，而且耐腐蚀，因此应用范围很广，包括汽车车身的部件、建筑物、易拉罐以及计算机和家用电器的外壳等。铝之所以具有耐腐蚀性，是由于其表面经空气氧化会形成一层致密的氧化铝膜，保护着内部。在某些情况下，这种氧化膜会被人为加厚，以提高其耐腐蚀性（例如用于锅碗瓢盆等容器，以及门窗等建筑材料）。

在地壳中，铝的含量比铁还要多，但是它作为金属被提炼出来的时间却比铁晚得多。这是为什么呢？

用于提炼铝的原料是一种叫作铝土矿的橙色矿石，需要将铝土矿进行精加工后才能从中提取出铝。铝土矿的成分是氧化铝（Al_2O_3），但是铝容易离子化，以至于它与氧气的反应十分强烈。铁矿石可以通过焦化去除铁氧键中的氧，但铝土矿完全不受焦化影响。

丹麦物理学家汉斯·克海斯提安·奥斯特（1777—1851）在1825年成功提取出了铝，化学家弗里德里希·沃勒（1800—1882）在1827年成功提取出了比奥斯特更纯的铝。

他们使用了钾，一种比铝更容易电离的金属，能与氧气等其他物质强烈结合。钾可以通过电解的方法少量提取。"电解方法"可以通过将多个亚历山德罗·伏特发明的电池串联起来实现。当钾与氯化铝混合并加热时，钾从氯化铝中夺走了氯，形成氯化钾，从而得到铝。

当时，铝和金银一样贵重。拿破仑三世夹克衫的纽扣也是用铝制成的。据说他只让重要的客人使用铝制餐具，而让普通客人使用金制餐具。这对我们现代人，可能感到很奇怪。人就是对稀缺的东西才能感受到其价值所在。对于拿破仑三世来说，比起常见的黄金，让客人使用铝制餐具才最能凸显款待之意。

当德川幕府末期的武士从日本远道而来参加1855年的巴黎世界博览会时，他们一定被称为铝的轻盈的银白色金属块吸引了眼球。铝被他们称为"从黏土中得到的银"。铝也成为这一届世博会的亮点之一，每天都有大量的人前来参观。

此后，铝实现了低成本的大规模生产。这种生产技术是由两个人分别发现的，即美国的查尔斯·马丁·霍尔（1863—1914）和法国的保罗·埃鲁（1863—1914）。

此二人发现了铝的工业制法

氧化铝的熔点很高，约为 2070℃。因此，即使尝试电解，也面临着无法熔为液体的问题。他们尝试了各种实验，看看是否有一种物质可以溶解氧化铝。

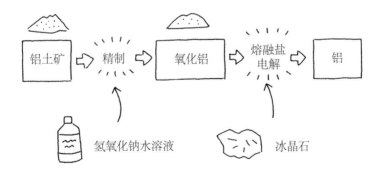

铝的精炼

铝由铝土矿（由铝的氢氧化物和铁、硅元素的化合物构成的矿石）制成。

1886 年，他们专注于"冰晶石"（钠、铝和氟的化合物），一种在格陵兰发现的乳白色物质。其熔点约为 1000℃。当他们熔化冰晶石并加入氧化铝时，氧化铝可以熔化 10% 左右。电解时，在阴极发现了金属铝。铝离子从阴极获得电子，变成了金属铝。

它首先由美国的霍尔发现，两个月后又由法国的埃鲁发现。二人均独立发现了同样的方法，因此分别在各自国家获得了专利。更巧的是二人都出生于 1863 年，且均在 50 岁的时候去世。而如今铝的工业生产使用的仍然是霍尔和埃鲁发现的方法。

铝的制造需要大量的电，所以也被称作电块和电罐头。铝的电解过程原理也被应用于镁和其他金属的提取，成为目前轻金属时代的开端。

铝合金

杜拉铝是一种由铝、铜和镁制成的铝合金。它是 1906 年由阿尔弗雷德·维尔姆（1869—1937）在德国的杜伦意外发现的。杜拉铝英文名 duralumin 就是由地名"Durene"和铝的单词"Aluminum"组合而成。

铝是一种软金属，而杜拉铝则坚硬而牢固，所以在第一次世界大战中被德国用于制造飞机和齐柏林飞艇的框架。

杜拉铝有三个主要系列：杜拉铝、超级杜拉铝和超超杜拉铝。超级杜拉铝是杜拉铝的改进版，超超杜拉铝是超级杜拉铝的改进版。仅从命名来看也很容易理解。

超级杜拉铝的硬度可与钢的硬度相媲美。它比杜拉铝的强度更大。通过在其表面叠加纯铝可以提高其耐腐蚀性，可用于制造飞机。不过虽然具有良好的可加工性（易于切割和研磨），但其耐腐蚀性和焊接性稍差。

超超杜拉铝是日本开发的一种合金，是目前最坚固的铝合金之一。它曾被用于零式战斗机，如今仍然被用于飞机材料、铁路车辆和体育设备，如滑雪板和金属球棒等。

稀有金属问题

围绕金属材料相关的还有"稀有金属"问题。"稀有金属"一词的字面意思是指罕见的金属。在此，"稀有"一词是指"工业上有需要但难以获得"的材料。基本金属（普通金属）包括铁、铜、锌、铅和铝等，这些金属在现代社会中被广泛使用，生产量大，用途多，不称为稀有金属。

稀有金属的认定没有统一的国际标准。稀有金属获取困难的主要原因是储量低，生产国数量非常少，难以加工和提炼。在日本，稀有金属是指经济产业省（METI）在20世纪80年代根据"存在量少"和"难以提取"等标准而指定的47种元素。在大约90种天然元素中，近一半是稀有金属。有些金属即便储存量大，但是很难提取。除了考虑到它们获取难度大之外，还要考虑到它们未来的工业需求。

日本的稀有金属

锂、铍、硼、钛、钒、铬、锰、钴、镍、镓、锗、硒、铷、锶、锆、铌、钼、钯、铟、锑、碲、铯、钡、铪、钽、钨、铼、铂、铊、铋、稀土类金属（包括稀土、钕、镝、镧在内的17种元素）。

稀有金属对工业技术发挥着重要作用，是对日本制造业来说不可或缺的重要资源的总称。由于在材料中加入少量稀有金属便可以极大地提高其性能，所以它也被称为"工业维生素"。其主要功能包括磁性、催化作用、工具强化、发光和半导电性。应用到这些材料的设备包括移动电话、数码相机、电脑、电视、电池和各种电子装置。稀有金属对于我们今天所需设备的生产至关重要，它使我们的生活变得更加丰富。

　　比如说，使用稀土类的钐制成的强力永磁体实现了马达的小型化，推动了"轻、薄、短、小"的电子设备的开发。如今，被认为具有最强磁力的钕系永磁体主要由铁、硼和钕组成。钕也是一种稀土元素。

　　稀有金属主要生产于中国、俄罗斯、北美、南美、澳大利亚和南非等。遗憾的是，日本并没有值得骄傲的稀有金属。

　　为了有效利用极其有限的稀有金属，不仅要回收循环利用，还要寻找具有相同性能的其他金属来替代，以减少其使用量。目前，对稀有金属替代技术的研究和开发正在进行中。

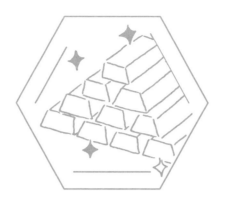

第十一章

黄金、白银，

还有香料

黄金成为欲望之源

黄金，如其名字一样具有美丽的金色光泽，化学性质非常稳定，耐腐蚀，能无限期地保持其金色光泽。它是人类使用历史最漫长的金属之一，被用于制作货币和装饰品，十分珍贵。

《旧约》中多次提到黄金。在美索不达米亚平原，幼发拉底河下游右岸的苏美尔城邦乌尔，从公元前 300 年左右已经开始制造精美的金头盔。

众所周知，从埃及遗址中挖掘出了许多精美的黄金制品。从公元前 1300 年图坦卡蒙国王的坟墓中出土了 4000 多件黄金制品，包括面具、椅子、寝具和珠宝等。

在公元前 3000 年至公元前 1200 年左右蓬勃发展的特洛伊、克里特和迈锡尼的爱琴海文明也留下了大量的黄金制品。

斯基泰是一个游牧民族，在公元前 6 世纪至公元前 4 世纪统治着俄罗斯南部的大草原。斯基泰文化的特点是武器和马具上的动物图案，以及黄金的丰富使用。

黄金是人类贪得无厌的源头，也是中世纪炼金术流行的源头。这加强了人们在世界未知地区寻找黄金国（El Dorado）的冲动，这最终导致了大航海时代的到来，推动了世界的全球化。伴随着大航海时代出现的欧洲强国都大量搜刮金银，积累国家财富。

19 世纪的大英帝国和 20 世纪以来的美国聚集了世界上大部分的黄金。

已开采的黄金有多少

因为黄金是一种软金属，延展性极强。1 克黄金可以生产 3.24 平方米以上的金箔，或 3000 米的金丝。

纯黄金太软，所以它通常与铜、银或铂金制成合金后使用。合金的等级通过 K 表示。纯金被定为 24K（100% 金）。例如，一枚金币是 21.6K（90% 黄金），珠宝 18K（75% 黄金），金笔 14K（58.3% 黄金）。最低的为 10K，即含有 41.7% 的黄金。

除了耐腐蚀之外，黄金还是一种优秀的热和电导体，因此除了用作货币和珠宝之外，它还被用于电子元件中的端子、连接器和集成电路的镀金处理。

另外，由于金箔具有反射红外线的能力，它还被贴在人造卫星的表面用作隔热材料。美国哥伦比亚号航天飞机使用了约 40 千克黄金，日本宇宙航空研究开发机构（JAXA）开发的日本火箭的主发动机使用了约 5 千克黄金。

截止到 2019 年底，黄金的开采精炼总量约为 20 万吨。这相当于多少个游泳比赛用泳池（50 米）的容积呢？

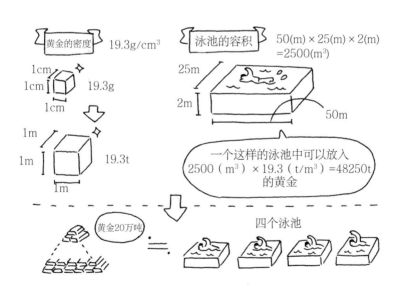

20 万吨的黄金相当于几个泳池的容积

137

由于黄金的密度大，所以目前的黄金开采量仅相当于 4 个 50 米泳池。

2019 年，全世界矿山黄金产量共计 3300 吨，较 2018 年的 3260 吨增加了 40 吨。

从国别来看，第一位为中国 420 吨，第二位是澳大利亚 330 吨，第三位是俄罗斯 310 吨，第四位是美国 200 吨，第五位是加拿大 180 吨，然后是印度尼西亚、加纳、秘鲁和墨西哥。

过去南非曾是世界首位，但是自 2007 年被中国超越退居第二位后，排名持续降低，到了 2019 年已经跌至世界第 12 位。（参考：U.S.Geological Survey，Mineral Commodity Summaries 2020）

开采黄金的方法

从古至今，流传着一种特别的方法，可以将沙金和自然金从沙子中提取出来。首先要做的是将沙子和水倒入锅中，然后摇晃以分离密度较大的沙金。

许多年来，金矿（甚至银矿）都是手工挖掘的，人们用一把锤子去开采含有金矿脉的岩石。19 世纪中期，蒸汽动力的钻井和凿岩机出现后，可以借助压缩空气进行开采，后来开始使用油压机。下一个革命性的事件是用于爆破岩石的炸药的发明（见第十七章中"炸药的发明"一节）。

得到的矿石在古代是用磨石和铁凿子粉碎的。15 世纪，开始使用水力，持续应用于 16 世纪繁荣的玻利维亚的波托西银矿中。这种机器的改进版至今仍在使用。

汞齐化是将黄金溶于汞的过程，自古以来就被用来分离黄金。金在室温下溶解在液态汞中，形成汞合金。然后，汞合金被加热以蒸发汞，留下黄金。这种方法自古以来就被人熟知。

然而，由于汞也是一种贵重金属，所以人们试图寻求汞合金方法的替代品，应用的就是 19 世纪引入的氰化法。

　　氰化法是利用氰化钾（potassium cyanide）溶解黄金的方法。将经过精细研磨的矿石放置在有氰化钾溶液的罐子里，并进行搅拌，使其充分接触，形成溶液，其中的黄金以离子形式溶解。当向该溶液中加入锌时，具有高度电离倾向的锌开始电离，金就可以被提取出来。氰化工艺使得从含金量低的低品位矿石中提取黄金成为可能。

哥伦布大航海的原动力

　　大航海时代是指 15 至 17 世纪，欧洲人开始对印度洋和大西洋进行探险航行的时期。首先开始于葡萄牙和西班牙，其次是荷兰和英国。大航海时代包括了巴尔托洛梅乌·迪亚士（约 1450—1500）的好望角航行，瓦斯科·达伽马（约 1460—1521）对印度航路的开拓，克里斯托弗·哥伦布抵达美洲大陆以及费迪南·麦哲伦（1480—1521）的环球航行等。

　　在当时的欧洲，日本被称为"西邦戈"（Cipangu）。欧洲人认为这里是一片黄金之地。这些信息主要来源于马可·波罗（1254—1324）的《马可·波罗游记》（1299 年）一书。他在书中写道："西邦戈是东海的一个大岛……黄金的丰富程度超出想象。统治者宫殿的屋顶全部用黄金覆盖，宫殿的街道和地板都是用纯金铺成的。"

　　马可·波罗是意大利威尼斯人，1271 年跟随他的父亲和叔叔从威尼斯出发，通过陆路穿过中亚。1275 年，到达大都（元朝的首都，北京的前身）。接下来的 17 年里，他一直在为元朝皇帝忽必烈服务。

　　回到威尼斯后，马可·波罗参加了威尼斯和热那亚之间的战争，不幸被俘。他在监狱里口述了这本《马可·波罗游记》。他详细介绍了 13 世纪的中亚、中国和南洋航线（东南亚、孟加拉、南印度、阿拉伯半岛等），以及在别人口中听到的"西邦戈"的情况。

马可·波罗虽然没有去过"西邦戈"，但他在书中提到的内容并不完全是编造的。据《日本书纪》记载，在圣武天皇统治时期的749年，人们从睦州（宫城县）献上金砂，用于给奈良东大寺大佛镀金。后来，来自奥州（日本东北地方）的黄金在12世纪维系了奥州藤原三代人长达100年的繁荣。生产的黄金总量达到了全世界都少有的10吨以上。

宋朝是中国经济空前繁荣的时期。由于日本用大量的金砂来支付"日宋贸易"，所以当时的中国人可能对日本有着略有夸张的"黄金之岛"的印象。而马可·波罗对日本的认识也很可能是来自中国人的讲述。马可·波罗书中提到的"黄金宫殿"可能是中尊寺的金色堂（1124年建立）。

哥伦布在踏上大航海之旅之前，仔细阅读了马可·波罗的《马可·波罗游记》，对其中关于"黄金之国西邦戈"的叙述部分做了几百条标注。

1503年，哥伦布在给西班牙国王的报告中写道："黄金是最有价值的东西，黄金才是财富。拥有它的人可以在这个世界上做任何他想做的事，达到至高无上的地位，甚至可以把自己的灵魂送到天堂。"

哥伦布在大航海中发现了伊斯帕尼奥拉岛（海地岛），他以为这里就是"西邦戈"。这其实是由于佩戴着金饰的岛民把黄金的产地念成与"西邦戈"相近的读音，才产生的误解。哥伦布一定不知道自己到达的是美洲大陆，因为他深信地图显示的"西邦戈"在西边，与加那利群岛处于同一纬度。

此后，他在伊斯帕尼奥拉岛上寻找黄金和香料。但他既没有找到香料，也没有找到多少黄金。于是他大开杀戒，屠杀当地人，猎杀奴隶……

15 世纪以前世界历史的舞台一直以从地中海到西亚、印度和中国的带状陆地为中心。大航海时代彻底改变了这一点，可以说它标志着以海洋为中心的世界历史的开始。

哥伦布虽然从未到达过真正的"黄金岛"，但是大航海时代的驱动力无疑是对黄金的渴望。支持哥伦布的西班牙国王认为官僚和常备军是权力的基础，为了维持这一切，持续不断的财源是必要保障，所以他支持推动大航海，以探求更多的黄金。

寻找胡椒和香料

香料是一种调味料，主要指存于热带、亚热带和温带地区的植物的种子、果实、花、芽、叶、茎、树皮和根等，可以用来去除食物和饮料中的气味，或为食物和饮料增加味道或刺激性。

据估计，人类与香料之间的联系大约始于 5 万年前。当时猎人将猎物的肉包裹在芬芳的草药叶中，发现它闻起来很香，味道也十分美味。

此后这些草药叶被用作药材和香料。除此之外，它们还被用于制作木乃伊的防腐剂以及帮助建造金字塔的奴隶们消除疲劳，刺激食欲。

到了古希腊和古罗马时代，印度胡椒等变得非常昂贵，它的价格甚至与金银相当。如今十分常见的香辛料，在过去无论多么昂贵也要购买。

欧洲国家的纬度比日本高，气候的局限性也更强。伦敦位于北纬 52 度，相当于日本附近的萨哈林岛（库页岛）。就连法国的巴黎（北纬 48.5 度）都比北海道纬度要高。欧洲整体气候寒冷。

以牛和羊为主体的畜牧业，由于并不像如今这样用筒仓里的干草饲养，漫长冬季的家畜饲料储存成了难题。由于冬天牲畜的饲料会腐烂，所以不得不杀死大多数家畜。家畜的皮和毛被用来做防寒衣物。所有动物的肉都用盐保存，但随着时间的推移，肉还是会腐烂，出现难闻的气味，肉的味道也不好。

然而，为了维持生存，这些肉必须要吃到来年春天。因此，人们迫切需要香料作为一种强有力的防腐剂和除臭剂。

另外，人们还认为香料能够治疗天花、霍乱和斑疹伤寒等致命的疾病。当时的人们认为，气味会导致感染，而香料可以去除气味。除此之外香料还被用作胃、肠和肝脏的治疗药物，所以作为一种"万能药"受到欧洲人的追捧。

当时，香料贸易以威尼斯为主要中转。它在地理上位于印度、印度尼西亚等香料主产地与欧洲之间。而打破了长达几个世纪垄断局面的则正是马可·波罗的《马可·波罗游记》。

这本书不仅激发起了人们对金银的欲望，而且还详细介绍了胡椒、肉豆蔻、肉桂和丁香的来源。这些都是欧洲人梦寐以求的香料。为了获得香料和金银，"大航海时代"开始了。

16世纪发生了一系列的殖民地争夺战，西班牙人从大西洋出发，跨越太平洋再到东南亚，以回应葡萄牙对非洲、印度和东南亚的统治。

17世纪，荷兰人逐渐扩大其影响力，将葡萄牙人赶出东南亚，并获得了对胡椒和其他香料贸易的垄断权，于1612年成立了荷兰东印度公司，赚取了大量利润。然而，争夺殖民地的斗争仍在继续。18世纪，英国凭借其强大的海军，称霸世界。此时，贸易已转向来自印度的棉花和来自中国的茶叶，香料变得不再重要。

19世纪中叶，制冷技术的发展使人们对香料的需求越发减少，香料贸易也随之衰落。

尽管越南和巴西的胡椒生产量很多，但是从香料整体的生产、消费和出口量来看，印度仍然是毋庸置疑的世界第一。今天，印度香料主要的出口对象国是美国、中国、越南、阿拉伯联合酋长国和印度尼西亚等。

阿兹特克与印加的黄金

西班牙人对黄金的渴望是无止境的，他们开始寻找第二、第三个黄金岛。西班牙在 1521 年征服了墨西哥的阿兹特克王国，1533 年征服了安第斯山脉的印加帝国，带走了许多财宝。

印加帝国的征服者弗朗西斯科·皮萨罗根据他在新大陆的所见所闻，认为印加王国就是传说中的"El Dorado"（黄金之地）。"印加"最初是库斯科一个部落的名字，但当围绕这个部落建立起一个大帝国后，那些与印加人说同样语言的人也被称为"印加"。当西班牙人入侵时，"印加"一词被更广泛地用来指代任何不属于西班牙的东西。

1532 年 11 月，入侵印加帝国的皮萨罗在秘鲁北部高原地区卡哈马卡的一个广场上见到了印加皇帝阿塔华尔巴。皮萨罗突破印加士兵的重重包围，抓住了阿塔华尔巴的胳膊。广场周围立即响起枪声、喇叭声，马背上的西班牙骑兵向人群冲去，使印加士兵陷入混乱。

紧随其后的是西班牙步兵，他们穿着铁甲，手持刀枪，杀死了广场上的士兵。印加人的武器装备不足，所以西班牙人只要能够有力气一直挥舞着他们的剑和矛，就必胜无疑。这场战斗造成了六七千名印加人死亡，还有许多人受了重伤，手臂被砍断。

阿塔华尔巴随后被俘，他向皮萨罗提出"只要将我释放，我将给你一屋子的金银"。之后，越来越多的宝物从印加帝国各地被送往卡哈马卡。

当财宝快要接近阿塔华尔巴承诺的数额时，皮萨罗无情地决定处决阿塔华尔巴。他提出，如果阿塔华尔巴皈依基督教，他将采用绞刑免去火刑。在印加帝国，人们相信被火焚烧后的灵魂会永远死去。最后，阿塔华尔巴选择皈依基督教，以绞刑作为自己生命的终点。

贾雷德·戴蒙德著有《枪炮、病菌与钢铁》（日文版由仓骨彰翻译，星沙文库出版），在"第三章：西班牙人与印加人之间的冲突"中，分析了皮萨罗军队在人数少的情况下击败了据说有 4 万人的阿塔华尔巴皇帝的军队的原因。

据戴蒙德说，皮萨罗方胜利的直接原因有以下几点。

一是枪及铁制的武器，铁制的盔甲，以及基于骑马的军事技术。

而与此相对，印加人使用的是木制、石制和铜制武器，无法穿透铁甲。但他们轻易就会被铁制的长矛刺死。另外还缺少可以骑到战场上的动物。

二是西班牙人带来的天花疫情。

印加皇帝瓦伊纳·卡帕克和他的继任者尼南·库优奇死于天花，此后阿塔华尔巴和他同父异母的兄弟华斯卡之间爆发了争夺王位的斗争，这导致了内战和印加帝国的分裂。

三是欧洲的航海技术和造船技术。

印加人没有这两种技术，所以他们无法从南美乘船逃出。

四是欧洲国家的中央集权政治结构。

中央集权政治结构使皮萨罗能够为其船只的建造提供资金，招募船员并为其提供装备。虽然印加人也有一个分散的政治系统，但是在皇帝被俘后，皮萨罗完全控制了指挥机构。

五是拥有文字。

书面信息可以广泛传播，而且更加准确和详细。诸如哥伦布航海、埃尔南·科尔特斯对阿兹特克帝国的征服以及前往秘鲁的路线等信息都可以通过书面形式传递。通过这些信息，许多西班牙人从欧洲来到了新大陆。

另一方面，阿塔华尔巴完全没有掌握任何关于皮萨罗的军事实力和意图的信息。他们深信只要不主动挑起战争，对方就不会发起攻击。

戴蒙德将书命名为《枪炮、病菌与钢铁》，也是一种欧洲人征服其他大陆的直接原因的集中表现。

加州淘金热

1848 年，人们在加利福尼亚发现了黄金，这一消息迅速传遍美国。大约 30 万男女老少从美国各地和国外涌入加利福尼亚。这一事件被称为"加州淘金热"。世界其他地方也有淘金热，但加州淘金热是最盛大且最著名的。

在这个时期迁移过来的 30 万人中，约有 15 万人从海上来，其余 15 万人从陆地来。加州淘金热是美国西部快速发展的催化剂。1847 年至 1870 年间，过去曾是西部边陲的旧金山，人口从 500 人急速增加到 15 万人。

随着西部的发展，连接西部和东海岸之间的交通体系也取得了巨大的进步。最重要的事件是 1869 年第一条横贯北美大陆的铁路的开通。这极大地推动了美国经济和政治的统一。

当时，美元执行金本位制。金本位制通过保证货币能够兑换成一定数量的黄金来稳定货币的价值。大量的黄金储备确保了金本位的牢固地位和国际贸易的稳定。

在淘金热期间，用于提取黄金的工具只有镐头、铁锹和平底锅。此外，还有一个连接到振动台的摇篮，以洗掉砾石，然后通过筛子将金子从沙子中分离出来。最后，金子在汞中被溶解，制成汞合金。

此后摇篮被电磨取代，电磨是一个较大的旋转筛子。含有金子的沙质碎屑被扔进筛选机，并用水冲洗以去除泥土和碎屑。高密度的金砂（包括磁铁矿、锡和铅）穿过网眼落下，被收集在下面的一个罐子里。然后人们将堆积的重颗粒进行筛分，以分离其中的黄金。

即使在淘金热结束后，黄金的回收仍在继续。挖泥船是用来在河床和沙洲上挖金子的，用卷线机将铁桶固定在船的轮带上，并沿着河床拖动铁桶，对收集到的泥浆进行筛选。

我在电视探索频道里发现了一个叫作"淘金热"的节目，我是从第一季开始看起的。这是一个真人秀节目，讲述人们试图在阿拉斯加和其他环境恶劣的地方开采黄金而发财的故事，其特色是用挖掘机和老式挖泥机淘金。自加州淘金热以来，采金技术应该基本没有发生大的变化。

在古代，白银比黄金更贵

银是一种自古以来就存在的金属，它具有美丽的银色光泽，是所有金属中电和热的最佳导体，在展性（压缩后伸长的性质）和延性（通过拉伸加长的性质）上仅次于黄金。一克银可以拉伸成1800多米的银线。

自然银的产量甚至低于自然金，十分稀少。因为它必须从矿石中提取，但古代工艺处于起步阶段，因此在一段时间内，银比金还要贵重。

在古代，银主要是从一种叫作方铅矿的含铅矿石中提取的。在公元前3000年左右的埃及和美索不达米亚遗址中，它与铅一起被发现，但是与黄金相比银制品还是十分稀少的。到了巴比伦帝国时期，出现了银制花瓶等银制品。在当时，人们认为比起黄金，白银要更加珍贵。

根据公元前3600年的埃及法律，黄金和白银的价值比例为1：2.5。由于白银比黄金昂贵，一些黄金制的装饰品通过特意在表面镀银来彰显尊贵。

后来，随着从矿石中提取白银技术的改进，银的产量增加。因此，白银的价值开始降低，并逐渐低于黄金。

巨大的波托西银矿的发现

将新大陆、欧洲和亚洲的经济联系在一起的是来自新大陆的廉价白银。1545 年在安第斯高原发现的波托西银矿是新大陆最大的银矿。

起初有 75 名西班牙人和 3000 名印第安人开采矿石，后来矿工人数迅速增加，到 1604 年，矿工中仅印第安人就有 6 万人。16 世纪末，波托西城的人口达到了 16 万人，这也使其超越墨西哥城成为新大陆最大的城市。

另外，波托西的银矿也是西班牙人三大政策的实施地。从 16 世纪 70 年代中期以后也被称为波托西时代。三个主要政策是：引进高效的汞齐化冶炼方法（1574 年），购买和垄断万卡贝里汞矿（1570 年），以及以米塔劳动的形式征用土著人（1819 年废除）。

米塔劳动是一种制度，指在指定的地区，七分之一的 18 岁至 50 岁的男性印第安人需要在一年内轮流工作。由于他们的工资只够支付食物的费用，所以即使在下班后也要工作。由于劳累过度，印第安人数量逐渐减少，不得不引入非洲奴隶来填补空缺。

新大陆的白银支撑欧洲经济的快速增长

16 世纪中叶，由于战争及奢华的宫廷生活，西班牙王室财政陷入崩溃状态。支持着庞大财政支出的便是波托西银矿。

1546 年后，墨西哥的银矿陆续被发现。1503 年至 1660 年期间，数量惊人的 15000 吨白银从新大陆流向西班牙。这是以前流入欧洲的白银数量的六七倍，由此也导致了欧洲的银价下跌，从 16 世纪到 17 世纪下半叶，物价上涨了 3～4 倍。发生了所谓的"价格革命"，西班牙经历了有史以来最大的通货膨胀。西班牙的工资达到了欧洲最高水平，羊毛面料等产品失去了在国际市场上的竞争力。

价格革命刺激了工商业的发展，同时也削弱了依赖固定租金的封建贵族的相对经济实力，提高了农民的地位（解放农奴），对欧洲政治和经济产生了重大影响。

运送到西班牙的白银从 16 世纪下半叶开始增加，到了 16 世纪末达到了顶峰。当 16 世纪末马尼拉大帆船贸易开始时，大型帆船将阿卡普尔科（墨西哥）和马尼拉（菲律宾）连接起来，来自新大陆三分之一的廉价白银被带到了东亚。西班牙的廉价白银被用来交换中国的丝绸和陶瓷。这些货物穿越太平洋，然后通过加勒比海到达欧洲。马尼拉大帆船贸易从 1565 年到 1815 年，持续了约 250 年。

不断的开采使波托西银矿的银产量持续下降，17 世纪中叶下降速度增快，到 19 世纪几乎耗尽。但 19 世纪末，由于发现了大量的锡，银矿又恢复了活力。如今，锡矿也几乎被开采殆尽，只有小规模的开采还在继续。

我曾经在一次南美旅行中参观过波托西矿山，遇到了一个背着装满古柯叶竹篓的商贩。他对我说，在银矿工作的印第安人不吃午餐，而是往嘴里塞满古柯叶，喝下汁液，以忘记饥饿、消除疲劳和瞌睡，继续长时间工作。

我们戴着头盔在坑道里走了一会儿，这是那次波托西之行的亮点。然而，从面向游客开放的这些坑道中我们无法想象出当时恶劣的工作条件。波托西银矿在 1987 年被收录到世界文化遗产名册。而其作为奴隶制的象征，被认为是一个负面的世界遗产。

第十二章

染出美丽的

色彩

美丽的染料和纤维

在衣食住行的世界里，衣服并不仅仅是为了保暖防寒，它也随着人类追求美丽的欲望而不断发展。衣服的颜色是用染料染成的，用作染料的物质不仅要有漂亮的颜色，而且要有良好的着色性，能够使颜色紧紧地附着在被染织物上。除此之外，还必须能够抵御阳光、水洗、摩擦和汗水，保证染色后不会变色或褪色。

染料不仅用于纺织品，还用于纸张、塑料、皮革、橡胶、药品、化妆品、食品、金属、头发、洗涤剂、文具、照片等的着色，以及染料激光的发光。

染料可以分为两类。一类是从植物或动物中提取出的天然染料，另一类是化学合成的合成染料。直到 19 世纪中叶，天然染料一直占据着主流。

天然染料也可以分为两类：植物性染料和动物性染料。植物性染料有姜黄、茜草、红花、苏木、蓼蓝和多花紫藤等，而胭脂红和骨螺紫则是最为人熟知的动物性染料。

蓼蓝植物的叶子含有蓝色染料靛蓝（又称蓝靛），茜草的根部含有红色染料茜草色素。在古埃及，用于包裹木乃伊的亚麻线是用靛蓝和茜草色素染色的。

蓼蓝的叶子发酵 ⇨ 靛蓝的还原 ⇨ 观察还原后的情况 ⇨ 染色 ⇨ 氧化后变成靛蓝

通过发酵形成不溶于水的蓝色靛蓝。　加入碱水搅拌，变成溶于水的黄色靛白。　　将布料置于靛白溶液中使其染色。　将染色后的布料放置在空气中，会变回靛蓝。用水清洗，干燥后完成。

染色步骤

在日本，只有少数地方使用过蓼蓝叶子染色，例如冲绳和奄美大岛。当织物被放在靛蓝中时，色素便浸入纤维中完全上色。当织物被拉起时，颜色会从绿色变成靛蓝色，因为暴露在空气中的靛蓝会氧化变色，所以需要不断重复"染色"和"接触空气"这一系列操作，直到染成深蓝色。接着在水中洗净并晾干，最后将颜色固定并再次晾干。

在古代的海洋国家腓尼基，非常流行用贝类来进行紫色染色。这被称为骨螺紫。取出染料骨螺内脏中的无色或淡黄色的分泌物，擦在纤维上，在空气中氧化，变成紫红色。

据说骨螺紫的制造始于腓尼基的港口城市泰尔（也译为推罗），在那里它被称为"泰尔紫"。在希腊神话中，它是由英雄赫拉克勒斯发现的。他看到自己养的狗用嘴咬碎了一个贝壳，结果发现狗的嘴巴完全变成了深紫色。

一个贝壳中所含的骨螺紫非常少，大约需要 9000 个贝壳才能获得 1 克的骨螺紫。因此，骨螺紫十分昂贵，只能由王室、贵族和高级祭司使用，也因此被称为"皇家紫"。即使在今天，紫色仍然是一些国王使用的颜色，是王权的象征。据说，为了生产这种骨螺紫，采集了大量的贝壳，以致在公元 400 年左右时这种动物濒临灭绝。

随着合成染料的出现，天然染料如靛蓝和骨螺紫的产业逐渐衰退。

胭脂红是目前仍在使用的天然染料之一，它是从叫作胭脂虫的昆虫身上提取的一种色素。胭脂虫是寄生在仙人掌上的昆虫，也被称为胭蚧，主要生活在秘鲁、墨西哥等中南美地区。

自玛雅和印加文明以来，当地人一直将其作为纺织品的染料和化妆品（如口红）的原料。在西班牙人到达新大陆后，他们开始垄断胭脂虫红色素的销售。从 16 世纪到 19 世纪，这种染料都深受西班牙、英国和美洲殖民地人民喜爱。因为只有胭脂虫才具有这种天然、明亮的粉色。

即使在今天，胭脂红仍然被用于纺织、食品着色（作为食品添加剂中的天然着色剂）、化妆品和药物中。胭脂虫的主要生产国是秘鲁，仙人掌种植园里养殖着大量的胭脂虫。

最早的合成染料

天然染料的产量有限，颜色少，质量不纯，染色麻烦。随着棉纺织品产量不断提高，人们渴望发现一种色彩鲜艳、易于染色的合成染料。

第一批合成染料是在 1856 年由英国人威廉·亨利·帕金（1838—1907）创造的。1854 年，英国邀请了德国化学家尤斯图斯·冯·李比希（1803—1873）的学生奥格斯特·威廉·冯·霍夫曼（1818—1892）在伦敦开设了一所化学大学（英国皇家化学学院）。随着工业革命的推进，普遍使用焦炭取代木炭炼铁，这个过程产生了煤气和黑色的泥状液体煤焦油。化学家们逐渐对煤焦油的成分产生兴趣。之后，霍夫曼从煤焦油中提取出了化合物苯，还制成了化合物苯胺。

帕金

当时霍夫曼有一个年轻的助手名叫帕金。帕金试图用苯胺来制造奎宁（一种昂贵的治疗疟疾的药品）。当时，以大英帝国为首的其他欧洲国家在印度、非洲和东南亚都有殖民地，那里的疟疾十分猖獗。而治疗和预防疟疾的唯一方法就是使用金鸡纳树皮中提取的奎宁。帕金试图通过苯胺分子来制造奎宁，但是一直未能取得成功。

有一天，他尝试通过加入硫酸和重铬酸钾的方法来氧化苯胺。他发现有时会产生一种黑色的沉淀物。这虽然不是奎宁，但当他将沉淀物清洗，干燥，并与乙醇混合时，产生了一种美丽的紫色液体。

"这也许能用作染料！"

当帕金把丝绸放在液体中，丝绸被染成了漂亮的紫色。无论是用沸水还是用肥皂清洗都不会掉色。他认为这种紫色染料可能会具有很大的商业价值，于是信心满满地把染好的布寄给苏格兰一家大型染料公司，该公司对他说："你的发现无疑是近代以来最有价值的发现之一。"

当时帕金只有18岁。尽管遭到了霍夫曼反对，他还是选择退学，并在家人的帮助下成立了"帕金父子公司"，还建立了一家染料工厂。该公司以工业规模生产和销售苯胺染料。因为这种颜料的颜色与生长在地中海的一种花"Mauve"的颜色很相似，所以被命名为"Mauve"。

另外，除了丝绸，帕金还成功使用媒染剂（一种可以帮助染色的物质）对棉花进行染色。"Mauve"紫成为巴黎上层女性最喜欢的服装颜色，并迅速传遍欧洲。

帕金一家变得十分富有，但是他却并不满足于现状，仍然在化学研究的道路上奋进，后来成为著名的化学家。在帕金制成"Mauve"染料之后，化学家们合成出了一系列的苯胺染料，并在英国、法国和德国建立了许多染料工厂。"Mauve"代表着合成染料时代的开始。

无机物居然能生成有机物

18世纪，安托万-洛朗·拉瓦锡同时代的化学家将物质分成了

沃勒

构成生物体的物质——有机物（有机化合物）和不构成生物体的物质——无机物。有机物中的"有机"一词意味着"活着，具有生命机能"。生物体被称为有机体。构成有生命力的生物体（有机体）的物质就是有机物。

糖、淀粉、蛋白质、醋酸（醋的一种成分）、酒精等许多物质都是有机物。无机物质，如水、岩石和金属，则是在没有生物体的帮助下产生的。长期以来，人们认为有机物是由生命的作用产生的，不可能人工合成。这种观点在19世纪初之前在化学界一直处于支配地位。在当时，人们认为有机物是一种特殊的物质。

终于，1828年，德国化学家弗里德里希·沃勒（1800—1882）成功地将氰酸铵（一种无机物质）加热，以人工方式制成尿素（一种有机物质）。当时沃勒正在留学，师从瑞典化学家术斯·雅格·贝齐利阿斯（1779—1848），实验成功时他刚刚回到德国。他写信给贝齐利阿斯，告知他自己的发现。"老师，我在没有借助动物肾脏的情况下制成了尿素。"

事实上，尿素是在肝脏中产生的，而不是在肾脏。但是，他能够不借助生物体的生命力，以无机物合成有机物，已经具有了革命性意义，这也震惊了当时的化学界。

凯库勒发现苯环结构

对有机物质的研究被称为有机化学。如今普遍认为有机化学

的创立者是德国吉森大学的李
比希。

1847 年，奥古斯特·凯库勒
（1829—1866)，一个 18 岁的
年轻人，进入吉森大学建筑系学
习。他听了李比希的化学讲座后
便对化学产生了极大的兴趣。为
此，凯库勒离开建筑系，转到化
学系，成为李比希的学生。

凯库勒

1858 年，热心于研究的凯
库勒终于得出结论："碳是一个有 4 个共价键的原子（化合价为 4），
并且碳原子也会与碳原子或其他原子相互结合。"

碳的化合价为 4，氢的化合价为 1，这意味着每个碳原子有 4
个共价键，每个氢原子有 1 个共价键（见第三章中"门捷列夫和他
预言的元素"一节）。

例如，甲烷（CH_4）的中心是有 1 个共价键的碳原子，碳原子
的 1 个共价键与 4 个氢原子分别结合。在乙烷（C_2H_6）中，2 个碳
原子通过 1 个共价键结合在一起，每个碳原子的其余 3 个共价键都
各自与 1 个氢原子的共价键结合。在乙烯（C_2H_4）中，2 个碳原子
通过 2 个共价键结合在一起，每个碳原子的另外 2 个共价键各与 1
个氢原子的共价键结合。乙烷的碳原子之间的共价键被称为单键，
乙烯的碳原子之间的共价键被称为双键。

当时，苯（C_6H_6）的结构还是一个谜。这个谜团在 1865 年被
凯库勒解开。

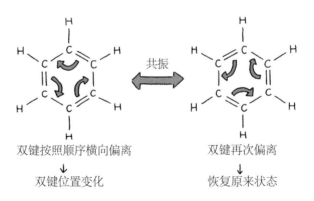

苯的构造和苯环的结构简式

　　有一天，他梦见一条蛇咬住了它自己的尾巴，这让他得到了苯的六个碳原子形成环状的设想。他将苯的结构描述为六个碳原子排列成一个规则的六边形，双键和单键间隔排列。作为一名建筑系学生，凯库勒可能已经想象出了有机物的碳骨架结构。从建筑到化学，在外界看来，这可能是一条迂回的路线，但经验却可以在意想不到的地方发挥作用。在随后的几年里，有机物的结构逐渐得到查明。苯中的双键和单键不断交替，碳原子之间的键一会儿是双键，一会儿又变成单键。此外，还有人提出了一种"共振结构"的说法，即每个碳碳键都是 1.5 键，且在性质上介于双键和单键之间。

双键按照顺序横向偏离　　　　　　双键再次偏离
　　　↓　　　　　　　　　　　　　　↓
双键位置变化　　　　　　　　　恢复原来状态

苯的共振结构

通过分子设计图进行合成

帕金的第一批合成染料可以说是偶然的发现，但凯库勒对苯结构的阐明则为新染料的合成开辟了理论前景。芳香族碳氢化合物是具有苯环的碳氢化合物。碳氢化合物中既包括没有苯环的链状碳氢化合物，如甲烷、乙烷和乙烯，还包括没有苯环的环状碳氢化合物。它们虽没有苯环，但有碳原子连接成环。

芳香族碳氢化合物的特点是它们有一个"稳定的苯环"。在保持苯环状态的同时，连接到碳原子的氢原子会和其他的原子或原子团发生置换反应。"芳香"一词的意思就是其本意。使用"芳香"一词是因为在命名时发现的化合物具有香气。

帕金从煤焦油中提取苯来制造苯胺，并制成了一种名叫"Mauve"的新型紫色染料。随着苯的结构被逐渐探明，苯和苯胺的区别也日趋明显。苯胺是通过将苯的一个氢原子替换成一个氨基（$-NH_2$）制成的。换句话说，以苯为起始点可以绘制出一张"分子设计图"来解释如何合成苯胺。

"分子设计图"的基础是分子构造，由"分子设计图"合成的染料是一种名为"茜素"的红色染料。1868年，德国人卡尔·格雷贝（1841—1927）和卡尔·利伯曼（1842—1914）确定了茜素的分子结构，并成功地以煤焦油中一种名为"蒽"的成分合成了茜素。在"合成茜素"出现后的几年内，法国的许多茜草田休耕，被葡萄园所取代。合成茜素的价格不到天然产品的一半，茜草的市场价值也大幅下滑。

德国化学家阿道夫·冯·贝耶尔（1835—1917）成功地确定了靛蓝的分子结构。在这项研究的基础上，他于1880年成功地从肉桂酸中合成了"靛蓝"。曾经，靛蓝染料被称为"染料之王"，作为印度的特产大量出口到欧洲。然而，当"合成靛蓝"在市场上出现后，存在了几百年的以印度为中心的全世界范围的靛蓝种植和天然靛蓝染料产业无奈破产。

到 19 世纪末，合成染料因其价格低廉、美观和颜色均匀等优势，超过了天然染料。染料的主流已经转变为合成染料。

这些合成染料是由煤焦油制成的，是煤的干馏物。而过去被认为肮脏、发臭、不得不扔掉的液体——煤焦油，在此后作为一种有价值的原材料被重新利用。1862 年在伦敦举行的世界博览会上，色彩鲜艳的合成染料，与肮脏恶臭的煤焦油被共同展示出来，形成了鲜明对比。

由于它们也适用于染色合成纤维，如后来出现的尼龙（见第十五章中"合成纤维的出现"一节），世界由此进入了合成染料的时代。

引领有机化学工业的德国

从 19 世纪 60 年代开始，德国成为世界染料工业的领导者。德国化学工业的发展主要以三个公司为基础。第一个是巴登苯胺和苏打厂（BASF，成立于 1865 年）。它与茜素的合成者卡尔·格雷贝和卡尔·利伯曼签约，开始了茜素的商业生产。第二个是赫斯特公司（成立于 1863 年）。该公司主要生产一种名为苯胺红（品红）的明亮的红色染料、合成靛蓝以及茜素（通过其独特的合成方法而获得专利）。第三家是拜耳公司（成立于 1863 年），这家公司也是合成茜素市场的参与者。

19 世纪 60 年代，这三家公司只占世界合成染料产量的一小部分，但到了 1881 年，产量便占据了世界产量的一半。到 1900 年，德国占了染料市场产量的 90%。

利用生产合成染料获得的利润,拜耳公司开始开发和生产药品,并在 1900 年左右推出了阿司匹林。在第一次和第二次世界大战中,这三家公司曾经合并,但在二战后,它们又都恢复了活力,如今在包括塑料、纺织品和药品方面在内的有机化学行业中具有很大的影响力。

第十三章

从染料

到医药

从染料到制药

也许当时英国的威廉·帕金已经想象到了，前一章中提到的"Mauve"的合成会衍生出巨大的染料工业。但是，从染料工业中派生出的合成医药品工业能够取得如此惊人的发展大概是他意料之外的。

19 世纪 90 年代后半期，德国出现了许多染料制造商，市场竞争激烈，趋于饱和。基于合成茜素的利润，拜耳公司的化学家们从开发合成染料转向更有前景的化学产品（药品）。

1897 年夏天，拜耳公司的年轻化学家费利克斯·霍夫曼（1868—1946）将从柳树树皮中分离出来的水杨酸与乙酰基（CH_3CO-）结合，生产出了乙酰水杨酸（通过用乙酰基取代水杨酸羟基 -OH 中的 H）。

水杨酸本身具有解热、镇痛和抗炎的特性。但因为它会对胃黏膜造成严重损害，所以药物价值很低。霍夫曼希望能够在保持水杨酸抗炎作用的前提下消除其对胃的损害。

1899 年，拜耳公司将这些粉末分成小包，并以"阿司匹林"的名义开始销售。随着阿司匹林越来越受欢迎，仅靠柳树皮和下野草花获取水杨酸已无法满足供给需求，于是人们开发出应用苯酚（也被称为石炭酸）合成的工艺。

如今，阿司匹林是治疗疾病时常用的一种药物。

能够治疗梅毒的砷凡纳明

在霍夫曼生产乙酰水杨酸的同时，德国医生保罗·埃利希（1854—1915）也在尝试能否用染料制造药物。他发现，一些染料可以给一部分的组织和微生物染色，但却不能够染色其他组织。一些染料对细菌的附着力比对人体细胞的附着力大。据此，就有可能制造出对细菌有毒，但对其他组织无害的染料。换句话说，就是一种只会攻击入侵者而不会伤害病人身体的药物。他称这种药物为"魔法子弹"。"子弹"是由色素分子组成的，攻击目标则是被染料染色的组织和微生物。

埃利希

埃利希花了很多年合成并测试了数百种化合物。在经历了一系列的失败之后，终于在1909年，由他的学生秦佐八郎（1873—1938）发现的"606号"（第606种受检物质）被证实对梅毒螺旋体有效。1910年，与他共同进行研究的染料公司赫斯特公司以"砷凡纳明"的名字将其推向市场。

秦佐八郎

四百多年来，人们一直在尝试各种治疗梅毒的方法。例如，在16世纪的欧洲，人们使用了汞疗法，但这导致了许多汞中毒的案例。接受汞治疗的病人要进行水银熏蒸浴以便吸入汞蒸气，一部分病人会因此心脏衰竭、脱水甚至窒息死亡。大多数幸存下来的人也被无机汞所毒害，出现头发和牙齿脱落、流口水的现象，并患有贫血、抑郁症、肾脏和肝脏衰竭等。

砷凡纳明虽含有砷，有一些副作用，但其副作用远远小于汞疗法。这种药物降低了梅毒的发病率，为赫斯特公司带来了巨大利润，并为该公司提供了资金，使其得以涉足其他药物的开发。

　　砷凡纳明具有划时代的意义，因为它是第一种合成药物（阿司匹林是一种天然药物的合成仿制品）。不过在更有效的青霉素问世之后，它的使用也逐渐减少。

　　可惜的是，"魔法子弹"以砷凡纳明的出现而告终。在此后的二十多年里，埃利希基于其独特思考方式的药物探索并未取得更多成果。除德国的一家化学巨头外，大多数的公司也自然而然地放弃了这一战略。

传染病和磺胺类药物

　　1918 年 11 月 11 日，德意志共和国政府正式宣布向盟国投降，长达 4 年的第一次世界大战结束。

　　此时，德国的经济和化学工业陷入困境。1925 年，尽管经济状况不佳，但为了促进德国化学工业的发展，主要的化学公司进行了合并，形成了世界上最大的化学企业联合体，名为法本公司（IGFarben）。法本公司将其利润投资于新产品的研究和开发。

　　法本公司的化学家们一直在寻找可以开发的新物质，其中大部分人都在尝试煤焦油制成的合成染料类似化合物。在医生的指导下，化学家团队对多种物质进行试验，一旦发现了有希望的线索，他们便尝试插入或移除原子，重新排列分子，创造一个新的类似化合物，以寻找有效的药物。

　　1927 年，他们聘用了一位叫作格哈德·多马克（1895—1964）的年轻医生。在第一次世界大战中担任军医期间，多马克曾看到战场上许多士兵都死于伤口病菌感染，其中许多是由溶血性链球菌引起的。溶血性链球菌会导致败血症和扁桃体炎等。

　　多马克开始参与寻找预防链球菌感染的"魔法子弹"。他分离出了一种可以称得上是"超级链球菌"的高致病性细菌，在小鼠感染该细菌后，他会依次注射不同的由化学家团队合成的物质，以验证其效果。他们尝试了各种各样的"染料"，但都没有效果。含金化合物和奎宁类药物等都不起作用。在该实验中有数万只小鼠因感染链球菌死亡。

终于，1932年秋天，研究团队发现一种鲜红色的偶氮染料——百浪多息，具有显著效果。经过百浪多息治疗的受感染小鼠变得非常活跃。

多马克的女儿因轻微刺伤而感染了链球菌，在那之后便陷入了绝望，于是多马克决定给他的女儿服用百浪多息。他让女儿喝下了当时处于实验阶段的一种"染料"，结果女儿身体迅速好转乃至完全康复。

起初，人们认为是染料杀死了细菌。然而，一位法国化学家发现，事实是百浪多息在体内分解产生的磺胺具有抗菌活性，并非来自染料。

随后，化学家们开始合成类似化合物。1935年至1946年期间，共生产出了5000多种磺胺衍生物。这些药物被统称为磺胺类药物。它们非常有效，拯救了许多人的生命，其中也包括第一个尝试此种药物的多马克的女儿。

在美国，磺胺类药物被广泛接受，但却发生了一个悲剧：由于磺胺类药物被制成了更容易服用的带有甜味的液体药剂而造成了一系列死亡事件，引发了一场药物恐慌。

这次药品丑闻被上报给了成立不久的FDA（美国食品药品管理局），一个小型的联邦机构。在美国医学协会与FDA共同调查期间，死亡人数继续攀升。医学协会发现，制药厂为了让磺胺类药物溶解变成液态药品，使用了一种名为二甘醇的甜味有毒成分。到11月底，

FDA 的监督部门农业部向美国国会报告时，已经确认有 73 人死亡。此外，该药品公司的一位化学家也开枪自杀，据说死亡人数总计达一百人以上……

这一药物丑闻也促使美国在 1938 年通过了《联邦食品、药品和化妆品法》。在此之前，这些危险药品一直处于无人监管的状态。虽然医药品逐渐开始受到管制，但是这种管制却遭到了依靠医药品相关行业获得捐款和广告的政治家和媒体的反对。不过，这次事件还是促成了一项新的药物管制法的通过，强化了 FDA 的权威。这是美国第一部要求新药在上市前必须经过安全认证的法律，并要求在包装和内附文字中列出所有活性成分。这部法律经过了多次修订，如今仍然是制药法的基石，也是世界上其他国家的立法典范。

由于磺胺类药物容易形成耐药菌（见本章"耐药菌株的出现"部分），而且伴随着青霉素等其他更好的抗生素出现，磺胺类药物现在已经很少被使用，但它们也曾经发挥了极大历史作用。

抗生素的发现

抗生素是一种由微生物制成的物质，它可以阻止微生物和细菌的生长。第一个应用于人体的抗生素是青霉素。1928 年，亚历山大·弗莱明（1881—1955）发现偶然混入的青霉菌产生了一种能抑制金黄色葡萄球菌生长的物质。这种真菌产生的抗菌物质就被命名为"青霉素"，但在发现之初它并没有引起人们的关注。

弗莱明

1939 年左右，霍华德·弗洛里（1898—1968）和厄恩斯特·钱恩（1906—1979）重新开始了青霉素的研究。他们尝试寻找一种新的药物，用于治疗因战争（第二次世界大战）激化而日益增多的受伤士兵。1940 年，他们成功从培养基中提取出了青霉素，并对其进行了部分提纯，随后开始投入大规模生产。1944 年，英国和美国的盟军反攻在德国占领下的诺曼底海滩，展开了登陆作战——诺曼底登陆战。那时，青霉素得到广泛使用，挽救了许多伤员的生命。

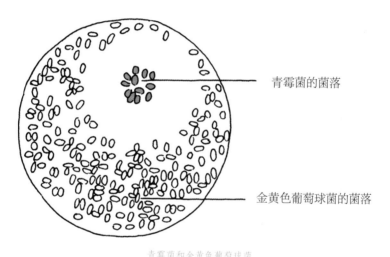

青霉菌和金黄色葡萄球菌

由于只有青霉菌周围的金黄色葡萄球菌没有发育，所以弗莱明认为"青霉菌一定释放出了某种抑制金黄色葡萄球菌发育的物质"。

早期的天然青霉素是通过青霉菌的生物合成（生物体内物质的合成）产生的，但在 20 世纪 50 年代，当青霉素的分子结构被明确后，半合成青霉素出现并成为主流。半合成青霉素是通过将天然青霉素进行部分化学改变形成的。目前，根据化学结构的不同，青霉素可分为多种。青霉素除了用于治疗以肺炎为主的多种化脓性疾病，

世界史就是一部化学史

对败血症、产褥热和梅毒也十分有效。

青霉素的研发成功促使化学家和微生物学家进一步寻找能够治疗感染病的物质。受到结核杆菌在土壤中死亡这一事实的启发，赛尔曼·瓦克斯曼（1888—1973）于1944年从放线菌培养基中提取出了对结核杆菌有效的链霉素。这种新的抗生素的发现使结核病死亡率大幅下降。

此后，在放线菌中还发现了包括四环素和氯霉素在内的多种抗生素。

耐药菌株的出现

后来，研究者们发现了越来越多的抗生素，这些抗生素如今已经成了十分常见的药物。曾经困扰人类生活的一系列流行病如肺结核、鼠疫、伤寒、痢疾、霍乱等似乎已经离我们远去。

但就在我们松了一口气的时候，病菌又迅速反扑。现在出现了抗生素无法抵御的耐药菌。在诸多的耐药菌中，"耐甲氧西林金黄色葡萄球菌"（MRSA）因易造成医院内感染，尤为严峻。甲氧西林被称为是抵御耐药菌效果最好的抗生素，但即便是它，对MRSA这种金黄色葡萄球菌也完全没有效果。

万古霉素也是一种抗生素，它自1956年开始使用，40多年来没有发现任何细菌对其产生耐药性，这使得它成为抵御MRSA的一张王牌。然而，20世纪末，出现了耐万古霉素肠球菌的相关报道。此后又出现了更多对万古霉素具有耐药性的细菌。

目前，最后一个"要塞"就是利奈唑胺，它是2000年推出的一种合成药物，通过一种与过去完全不同的机制抑制细菌生长繁殖。在日本，很少有关于耐利奈唑胺的MRSA的报告，但在其他国家偶有发生。

目前普遍认为出现耐药菌是因为大量使用抗生素造成的。实际上，抗生素对病毒无效，所以在患者感冒时，应该只有在怀疑是细菌感染的情况下才应该给患者开抗生素。今后需要继续开发不容易出现耐药菌的新型抗菌药物，与病原体细菌无休止的战斗仍在继续。

古代药物来自植物

陆地上有名字的植物大约有 25 万种，据说其中只有百分之几的植物对我们来说是可以安全食用的。

我们的祖先过去也曾尝试咀嚼、食用果实、叶子和花。他们经历了反复试错，其中许多人也因此而出现麻痹、呕吐等症状，甚至因此丧命。因为能够供人食用的植物只有 1/20 而已。

即便如此，随着不断地探索，我们的祖先发现了可以食用的植物，更令人惊讶的是他们发现了药用植物。古代的医者能够分辨出什么是草药，以及该如何使用它们。

公元前 4000 年左右，建立起美索不达米亚文明的苏美尔人留下的黏土板上记录了许多药用植物的名称。1 世纪，古希腊药理学家迪奥斯·科里斯（约 40—90）编撰了世界上第一本药理学著作《药物志》，该书首次以系统和科学的方式记录药物。

据说迪奥斯·科里斯是罗马皇帝尼禄的医生。在《药物志》中不仅列出了他在随军队转战期间亲自收集的数百种草药的用途和效果，而且还描述了该如何制备这些草药以及推荐剂量。叶子应晒干、碾碎、用小火慢煎，根部应洗净、捣碎、制成糊状或生吃。他还将草药与葡萄酒或水混合。既有服用的药丸或水剂，也有可吸入、擦拭用或者作为栓剂塞入的。之后的一千年里，《药物志》一直被看作医学界的指南。

最活跃的炼金术士

从古代到 17 世纪，炼金术的繁盛时期接近两千年。进入公元后的一段时间里，埃及、印加、中国和印度都出现了炼金术。在这些地区，修炼炼金术都是希望从金属中获取黄金，并祈求通过炼金术来治疗疾病。

炼金术士们相信他们可以通过使用一种叫作"贤者之石"的

帕拉塞尔苏斯

物质将金属变成金子。为了创造出这种物质，他们花费了大量精力。这种含有矿物、金属和精神元素的石头被认为是一种万能药，可以治疗所有生物的疾病并使其保持健康甚至可以让人长生不老。

炼金术也被用于制造药物。其中最著名的便是帕拉塞尔苏斯（1493—1541）。他的真名是德奥弗拉斯特·冯·霍恩海姆。他用帕拉塞尔苏斯这个名字代替了他的真名，意思是"比塞尔苏斯更加优秀"。塞尔苏斯是公元 1 世纪的一位罗马医生，他的著作被重新发现，并在当时的医学界风靡一时。

帕拉塞尔苏斯发现塞尔苏斯的大部分著作都是对公元前 4 世纪去世的希波克拉底著作的再创作。他认为，如果是这样的话，自己自然是比塞尔苏斯更优秀，给自己起这个名字也是理所应当。为了证明自己的实力，他向当时的医学权威发起挑战。他喜欢争论和挑衅，因此外界对他的评价也是毁誉参半。他有很多支持者，但也有很多反对者。

帕拉塞尔苏斯带着装满治疗药物和工具的袋子走遍了整个欧洲。他批评传统的炼金术思想，即"所有金属都是由汞和硫黄制成的"，并在汞和硫黄之外增加了第三种成分——盐。这种"三元素"说在很大程度上取代了早期的"汞与硫黄说"。

在此之前，欧洲大多数药品都是由植物制成的，帕拉塞尔苏斯尝试向其中加入矿物药品，并首次将氧化铁、汞、锑、铅、铜、砷和其他金属的化合物用于药品中。

如今，帕拉塞尔苏斯在治疗时使用过的化合物除了被用于治疗皮肤病，还被应用于其他各种用途。

帕拉塞尔苏斯的灵丹妙药

帕拉塞尔苏斯认为："炼金术应该用于发展医学，开发化学疗法，并与治疗各种疾病的药物相结合。"他在自己和学生身上试用药物，并追踪其效果。他特别喜欢一种叫作鸦片酊的药丸，但仅在非常严重的疾病中使用这种药丸。

比如说鸦片酊就曾让一个濒临死亡的病人突然醒过来。在当时，鸦片酊被认为是一种传奇药物，但它的秘密配方现在已经公开。其成分的四分之一是从罂粟中提取的鸦片浸出物，作为镇静剂和万能药来缓解各种疾病。

由于帕拉塞尔苏斯树敌过多，所以他在死后的一段时间内并未得到较高评价。然而，到了 16 世纪末，世界各地都出现了他的著作的信奉者，并形成了一个所谓的"医学化学"学派。相对于文献，该学派更强调实验和演示。

18 世纪末，鸦片在欧洲十分流行。到了 19 世纪中叶，已经得到广泛传播。自此，鸦片即将登上世界历史的大舞台。

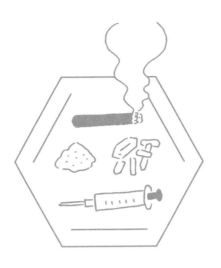

第十四章

毒品、

兴奋剂，

还有香烟

毒品之王——罂粟

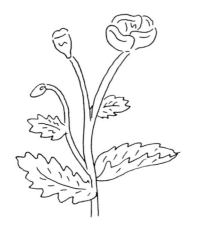

罂粟
其显著特征是叶子的根部紧紧贴合着茎。

鸦片是一种茶褐色的粉末，由罂粟尚未成熟的果实汁液经过干燥后制成，含有大量的吗啡，是最常见的毒品之一。

据说罂粟起源于欧洲和北非，苏美尔人还曾称它为"快乐之花"，有着悠久的历史。公元前1500年古埃及的医学著作《埃伯斯氏古医籍》中这样写道："如果婴儿哭得太厉害，给他喝罂粟糖浆就好。"

历史上出现的毒品都来自天然植物，常见的有三种：罂粟、古柯和大麻。而其中罂粟是毒品之王，可以用它制造鸦片、吗啡和海洛因。

当把未成熟的罂粟果实纵向切开时，会有白色的乳状汁液渗出，且很快变成褐色。这就是鸦片。鸦片含有多种化合物，统称为鸦片碱，其中最具代表性的一种就是吗啡。

罂粟的幼苗成长需要高温和高湿度的环境，待幼苗成熟，种子发育之后需要保持干燥，所以多种植于巴尔干半岛、小亚细亚（安纳托利亚）、伊朗和印度，是伊斯兰商人交易的主要产品之一。

鸦片原本是药品

由于鸦片可以麻痹中枢神经系统，所以能够缓解严重的疼痛，抑制剧烈咳嗽，止泻，以及辅助催眠和麻醉。其作用与吗啡相似，但更加温和，见效较慢。副作用包括恶心、呕吐、头痛、头晕、便秘、皮肤病、排尿困难、呼吸困难、昏迷等慢性中毒症状。一旦滥用，就会让人无法自拔变成废人。

另外，由于鸦片也是一种毒品，因此会让人上瘾，造成慢性中毒，上瘾者会越吸食越多，否则无法感受到效果。目前，在日本，海洛因和其他毒品及兴奋剂通过暴力团体广泛销售，吸食者和上瘾群体已经从青少年、职场女性蔓延到家庭主妇，成为一个重要的社会问题。

从罂粟中提取出的鸦片内含有吗啡，将吗啡经过化学处理便制成了海洛因。它是由以生产阿司匹林而闻名的德国化学公司拜耳公司于 1897 年开发出来的，一开始作为一种麻痹中枢神经系统药物使用。由于它的效果惊人，所以被命名为海洛因，在德语中是"英勇的"的意思。

鸦片战争

鸦片战争（1840—1842）将大清帝国卷入了世界资本主义的旋涡。这场战争是英国对查禁鸦片的清朝发动的侵略战争。

茶叶是在 16 世纪初由船员和传教士传入欧洲的。起初，它作为一种珍贵的药物在药房按重量出售，渐渐地，越来越多的人开始喝茶，到了 17 世纪，饮用咖啡和茶的习俗在英国传播开来。

英国和荷兰的东印度公司是咖啡和茶叶的主要经销者。英国人很早就开始进口咖啡，但是到了 18 世纪 30 年代，茶叶的交易量急剧增加，咖啡则呈下降趋势。这是因为他们在进口咖啡的竞争中输给了荷兰人，导致了从中国进口茶叶的增加。

最初，咖啡和茶都是贵族和富人的专属饮品，但进入 18 世纪，荷兰成功地降低了爪哇咖啡的成本，英国人也降低了中国茶叶的进口关税，因此茶叶价格下降。到了 19 世纪，砂糖也更加容易得到，老百姓也可以喝到添加了砂糖的茶和咖啡。

然而，茶叶的出口国只有中国。英国种植于印度内陆的阿萨姆和大吉岭茶叶是很久之后的事情。所以当时的英国人不得不从中国进口大量的茶叶，但由于他们没有合适的出口产品，所以必须用白银来支付。

1775年到1783年间，美国独立战争的失败使英国的财政受到影响，白银也开始短缺。东印度公司垄断了印度孟加拉地区的罂粟种植，因此面临与清帝国开展贸易资金短缺问题的英国人计划将鸦片走私到清帝国。

英国人在印度收入的20%来源是鸦片。甚至可以毫不夸张地说，鸦片支撑起了大英帝国。

清政府对鸦片贸易实施禁令，但由于许多清朝官员被收买，走私鸦片的行为得到默许，吸食鸦片的习惯开始广泛传播。到19世纪30年代中期，吸食鸦片的人数超过了200万。从1831年开始，清朝大量的白银流向国外，用于支付购买鸦片的费用。白银的价格上升了1倍，而农民们必须用银子交税，这加速了农民生活的恶化。

面对这一情况，清朝派遣了禁烟派官员林则徐到广州，没收并销毁了1425吨鸦片①，并要求严格禁止鸦片贸易。对此，英国的反击则是在1840年发动了鸦片战争。英国向中国派出了一支由40多艘船只组成的远征军，其中包括了16艘军舰。英国军队袭击了厦门和宁波，又在1842年攻下了上海和镇江，并逼近南京。

最后，清军战败求和，与英国签署了《南京条约》。该条约的内容对清朝来说十分苛刻，开放包括上海在内的五个港口，赔偿战争费用和被没收的鸦片费用（600万美元），以及将香港岛割让给英国。

① 原稿数字有误。虎门销烟共销毁2376254斤鸦片，折合1188吨。——编者注

战后，英国对清朝的鸦片走私量继续增加。白银价格的连续上涨使人民生活水平进一步恶化。1851 年，发生了由洪秀全领导的太平天国起义。起义军非常强大，有一段时间他们甚至控制了清帝国的南半部。中国的正规军八旗军没能将起义镇压下去，直到 1864 年，由曾国藩和李鸿章等汉族官员组织的乡勇才最终平定了太平天国起义。

就在清朝因这场起义而接近分裂时，英国法国共同发起第二次鸦片战争，以扩大其利益。

伪满洲国的资金来源

鸦片战争对日本也产生了巨大的冲击。即使在开放国门后，日本也严禁国内的鸦片滥用。第一次世界大战后，以英国为首的欧洲列强渐渐从中国撤离。1932 年，日本在中国东北扶植了一个傀儡政府（伪满洲国），并深入中国内陆。日本关东军取代英国开始以中国内蒙古为中心生产大量鸦片，在中国各地分销。

除此之外，日本人还带来了止痛药吗啡（从鸦片中提取制成）、海洛因和可卡因。伪满洲国预算的 20% 以上都来自依靠贩卖鸦片获得的收入，日本军队也通过"鸦片特许经营权"获得资金。日本在 1945 年战败之前一直都与鸦片有着深远且广泛的联系。

如今日本正成为世界上最大的毒品消费国之一，潜在的毒品使用者（成瘾者）的数量迅速增长。回顾日本历史，日本过去就与毒品颇有渊源。

使上瘾者迅速增加的冰毒

日本的《兴奋剂取缔法》第二条列出了一些药品，这些药品总称为兴奋剂。在日本，滥用的毒品大部分都是甲基苯丙胺类毒品。甲

冰毒（甲基苯丙胺为其主要成分）

基苯丙胺在自然界中并不存在，是一种化学合成的物质。

现在日本几乎所有的兴奋剂都是由外国制造并走私到日本的。毒贩子和吸毒者们经常使用一些黑话，如"冰""减肥药"等来代称毒品。

甲基苯丙胺是 1893 年由制药界元老级人物长井长义博士（1845—1929）制造出来的。当时他在研究治疗咳喘病的药物时，从一种叫作麻黄的中药中分离出麻黄碱，并意外地制造出甲基苯丙胺。

1941 年，甲基苯丙胺以"ヒロポン"（philopon）这一品牌名称正式开始投入销售。商家声称它可以增强体力，消除疲劳和瞌睡，提高工作效率。"ヒロポン"这个词的起源通常被认为是"消除疲劳"的意思，但事实上，正确的起源是希腊语"philoponus"（热爱劳动）一词。为了让人清醒、兴奋起来，所以将其命名为"兴奋剂"。

兴奋剂给人以强烈的快感、幸福感和兴奋感，并使人在服用后 3 至 12 小时内保持清醒，在此期间，他们甚至可以不睡觉不吃饭，即便实际上身体想吃东西和休息。这其实是这种"药物"引起的一种错觉。这就是为什么在兴奋剂的药效过后，使用者会出现严重的抑郁、疲劳、倦怠和烦躁的原因。

1947 年，日本首次认识到兴奋剂的风险。1950 年，《日本药事法》将甲基苯丙胺列为致命毒品；次年，即 1951 年，开始正式实行《兴奋剂取缔法》。然而为时已晚，当时兴奋剂已经在日本全国范围内广泛传播。

摄取兴奋剂的危害之一在于对它的心理依赖性。当效果消失时，使用者会变得焦虑和不安；为了再次寻找兴奋感，就会反复使用药物，导致幻觉和妄想等精神病性症状。另外还有可能出现攻击性和暴力倾向，很容易留下强依赖性等长期留存的后遗症。

兴奋剂滥用者最常见的死因是急性中毒；除了心血管等问题之外，意外事故导致的外伤死亡和自杀案例也屡见不鲜。即使在戒掉兴奋剂五年或十年后，也可能出现突然的幻觉。目前还没有出现能够治愈这种后遗症的药物。

甲基苯丙胺是一种白色、无味的晶体，易溶于水。传统上是通过静脉注射，但最近流行加热吸食、片剂和液体制剂，因为这几种方法更加方便，而且不会留下注射痕迹。

"陶然"死去的西班牙战俘

1519 年 11 月，率领着 300 人的西班牙军队指挥官埃尔南·科尔特斯入侵阿兹特克帝国的首都特诺奇蒂特兰。

一位随军牧师在当时写下了一份关于该事件的详细记录。记录中有对被阿兹特克军队俘虏的一名西班牙战俘的描述。

这个随军牧师对西班牙战俘在死亡时表现出的幸福和陶然自得的样子感到惊讶，并将其归因于食用了一种邪恶的植物"迷幻蘑菇"（当地人称其为"神的肉"）和"佩奥特掌"。

"佩奥特掌"是一种仙人掌，含有兴奋性成分生物碱，一旦服用，会产生生动的彩色幻觉和强烈的恶心呕吐感等中毒症状。

"迷幻蘑菇"是毒裸盖菇属的一种毒蘑菇，含有可以让人产生幻觉的生物碱——裸盖菇素。这种蘑菇有 200 多个品种，在全世界范围内广泛存在。

这种蘑菇经过干燥后曾经以"神奇蘑菇"之名在网络上出售。

如今由于其可以用作毒品的原料，所以严禁贩卖包含裸盖菇素的蘑菇类产品。除此之外，相关产品的进出口、种植、转让、交付、持有、食用、宣传等行为也被列为违法行为。

从古柯叶到可卡因

如今，在南美洲的一些国家，如玻利维亚，种植古柯叶仍属于合法行为。古柯叶被当作嗜好品的一种。

可卡因是从古柯树的叶子中提炼出的一种毒品。据说在印加帝国，人们被允许每天在一定时间内食用古柯叶。当时老百姓生活十分困苦，所以古柯叶被用作一种补充来抑制饥饿。

可卡因如今仍然被用作外科手术中有效的局部麻醉剂。但由于服用后会产生巨大的幸福感、快乐感和亢奋感，所以在以美国为首的世界多个国家存在滥用现象。据说它"不会产生生理依赖性，也没有因中断而产生的戒断症状"，但其精神依赖性非常强，一旦滥用成瘾往往会导致死亡。在美国，可卡因使用者的数量急剧增加，取缔可卡因十分困难，人们甚至称这一过程为"毒品战争"，俨然成了一个严峻的社会问题。

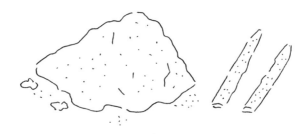

可卡因

一种原产于美洲的古柯树的叶子中含有的生物碱，呈无色结晶或白色的结晶性粉末状。与兴奋剂相比，兴奋作用和依赖性更强。药物效果时间短，所以易持续吸食。

生物碱是什么

生物碱是含有氮原子的自然产生的有机化合物的总称，不过不包括构成蛋白质的氨基酸和核酸。生物碱也用于指从植物中提取出来，经人工处理过后的生物碱（例如 LSD、海洛因、冰毒等兴奋剂）以及人类以天然生物碱的分子结构为参照、通过化学方法合成的生物碱（例如兴奋剂中的苯丙胺）。

迄今为止，人类共发现三万多种生物碱，且大部分具有很强的生物活性（即可以调节、影响或激活体内的各种生理活动），是十分重要的药品。毒品和药品就像是硬币的两面，有些物质既可以变成毒品也可以用作药品。

另外比较有名的生物碱有尼古丁、咖啡因、可卡因和吗啡等。尼古丁是烟草的一种成分。咖啡和红茶中的咖啡因具有刺激性。从古柯叶中提取出的可卡因是一种更强大的兴奋剂和麻醉剂，而盐酸可卡因则在医学上被用作局部麻醉剂。吗啡也是一种麻醉剂，被用来减轻晚期癌症患者的痛苦。

大多数致幻植物含有的活性成分同可卡因和吗啡一样都是生物碱，但大麻的活性成分不是生物碱，而是四氢大麻酚（THC）。

大麻与大麻叶

大麻是桑科大麻属植物，与麻袋、麻布中的麻（桑）的原料植物相同。它被称为大麻，以区别于亚麻（亚麻布的原料）。纤维十分结实，经常被用于制作衣服、袋子和包。

在日本，大麻 [①] 受到《大麻取缔法》的管制。大麻中含有一种叫作四氢大麻酚的具有麻醉性的化学成分，因此自古以来一直作为

[①] 大麻有两个亚种，其中一种为通常栽培的火麻，另一种为可生产大麻烟的印度大麻。——编者注

大麻的叶子
将干燥后的叶子切碎像烟草一样吸食。

致幻剂被用于娱乐、宗教和医疗目的。

干燥的大麻叶子和花朵常常被切成小块，作为烟草使用。硬化的树脂被称为大麻树脂（哈希什、卡那斯等），直接加热蒸发或与烟草混合后吸食。

在19世纪的欧洲，为了缓解不安情绪和催眠，大麻被当作药品使用。然而，进入20世纪，美国政府颁布了相关法律，禁止包括医疗用途在内的大麻使用。

如今，世界不少地区开始解禁大麻的使用。事实上，在美国的华盛顿、科罗拉多和加利福尼亚等州已经宣布一定程度的大麻娱乐性使用合法化。荷兰也以严格的准则为基础，免除了对大麻等软性毒品的监管。在加拿大，娱乐性使用大麻也已合法化。

说到这里，你可能认为大麻并不是一种危险的毒品，但实际上，它在英国、德国和法国等国家仍然是非法的，而且在包括日本在内的大多数国家仍受到严格的管制。放眼整个世界，将大麻视为违法药品的国家仍然占绝大多数。

THC会对大脑中的海马体和小脑产生影响。这种影响因人而异，根据剂量和服用途径（吸食、口服等）也会产生不同，摄取后意识会逐渐转变为梦境般的状态，想法逐渐失去逻辑，变得自由奔放。几分钟在吸食者的眼里就像过去了几个小时，附近的物体可能看起来很远很模糊。如果大剂量服用，甚至可能会出现幻觉，也可能会出现一种极度轻松或快乐兴奋的感觉，且笑个不停。

当单独一人时，吸食者可能会显得比较镇定，但与其他人在一起时，就会变得爱表达和开玩笑，大剂量摄入时可能会出现对死亡的恐惧，经常发生闪回、妄想、幻觉等情况。虽然人们认为吸食大麻后心理上的依赖性不是很强，也不存在生理上的依赖性，但是长期吸食仍会导致脑功能受损、认知障碍、呼吸障碍和生殖功能障碍等不良后果。

众所周知，食用大麻也会增加车祸和自杀的风险。印度某旅游指南中刊登了人们在食用大麻后从屋顶跳下的案例。我在印度旅行期间，曾多次看到日本人在饮用了加入大麻的拉西酸奶（乳酸菌饮料）后昏倒，口吐白沫，出现异常行为等情况。

烟草与人的关系

我家过去是烟草农家，种了一片烟草。烟草两米高，互生叶 60 厘米长。因为烟草的叶子又高又大，而且成排生长，所以我在旅行中遇到田地时，总是能一眼辨认出烟草。

把叶子收割完后就挂在干燥的棚子里，通过在炉子里燃烧木材并向棚子里吹热空气来使其干燥。然后对干燥的烟叶进行分级以确定价格。我还记得半夜时分，在火炉周围的树上看到过蝉的幼虫蜕皮。经过干燥的叶子被用来制作香烟、卷烟或者切碎来制作烟斗用的烟丝。

干燥的烟草叶子含有大约 2% ~ 8% 的尼古丁。尼古丁是一种具有强烈神经毒性的生物碱。借助尼古丁（烟碱）乙酰胆碱受体，其药理作用可以引起毛细血管收缩、血压升高、瞳孔收缩、恶心、呕吐和腹泻。另外还会导致头痛、心跳加速、失眠等其他中毒症状，在使用过量的情况下，有可能发生呕吐、意识不清和痉挛等情况。

目前尚不知晓人类是从何时开始吸食烟草的，很可能当他们开始使用火和燃烧各种植物时，发现一些植物在吸入时会产生令人愉

烟草（茄科）

快的烟味（芳香烟雾）。

人们认为焚香产生的烟雾不仅能给人带来新鲜感和活力，而且神灵也藏身其中，这种现象在世界各地都很普遍。焚香不仅是一种重要的宗教仪式，而且由于其可以产生幻想，所以对于巫术也十分重要。除此之外它还被用来治疗疾病。也就是说，历史上人们在吸食烟草之前，先吸入了烟雾。

从公元前开始，烟草就种植于南美洲、中美洲南部、西印度群岛和北美洲的密西西比河流域。许多文献中都提到了玛雅文明遗迹中的浮雕画和文字。玛雅文明从公元前300年到16世纪取得了蓬勃发展，主要以墨西哥东南部、危地马拉和伯利兹等玛雅地区为中心。这些浮雕画和文字中描绘了一个神，他嘴里叼着一个类似烟斗的东西，从烟斗吹出烟雾。这很可能说明当时的人们已经开始使用烟草，并且认为神灵也会喜欢它。

玛雅文明崇拜的是太阳神。他们将太阳联想成火球，所以认为火和烟是神圣的。烟草可以散发出一种芳香的烟雾，吸入后使人心情愉悦，所以他们相信烟草的烟雾中存在着神灵，所以十分珍视烟草。

1492年10月13日，克里斯托弗·哥伦布和他的队伍在圣萨尔瓦多岛，即他们在新世界的第一个登陆点登陆。作为送给居民玻璃珠子和镜子等礼物的回报，他们收到了新鲜的蔬菜和具有强烈香味的叶子，而这些叶子就是烟叶。岛上的居民称这些叶子为"tabaco"。

他们不仅在神圣的仪式中使用这些叶子，而且还用它治疗多种疾病，将其作为治疗外伤、咳嗽、牙痛、梅毒、风湿病、寄生虫、发烧、荨麻疹、哮喘、冻伤、扁桃腺炎、胃病、头痛和感冒的药物。

后来烟草被传到西班牙，然后又扩大到了葡萄牙、法国和英国。烟草受到了当地人民的喜爱，吸烟的习俗迅速传播。

1559 年，法国驻里斯本大使让·尼可（1530—1604）把用于药用的干烟叶献给了法国国王法兰索瓦二世及其母亲凯瑟琳·德·梅第奇。凯瑟琳将其制作成粉末用来治疗头痛并常备身边。因此，这种烟草最初被称为"王妃的药草"，但后来为了纪念将烟草传到法国的让·尼可，改名为 Nicotine（"尼古丁"名字的由来）。

香烟管制与清教徒革命

1604 年，接替伊丽莎白一世成为英国国王的詹姆斯一世在登基一年后，发布了一份题为"烟草的挑战"的文件。在这个文件中，他谴责吸烟是野蛮人的恶劣习俗，并规定对烟草进口征收比普通商品高约 40 倍的关税，规定烟草由政府专卖，并禁止在英国种植烟草。

接替詹姆斯一世的查理一世也加强了对烟草的专卖，并打击吸烟习俗。就这样，国王与反对烟草管制的议会以及支持议会的国民之间的冲突升级，最终导致了 1642 年清教徒革命的爆发。这场革命的成功推进了吸烟的自由化，吸烟的习俗在民众中迅速蔓延。通过这一事件我们也可以总结出，世界历史不仅仅因崇高的理想而发展，也因人类的"欲望"而发展。

1655 年，英国暴发了鼠疫。当时的人们认为从法国引进的鼻烟对预防鼠疫有效，所以鼻烟变得流行起来。那个时期，烟草和咖啡一样，成为英国人社会生活的重要组成部分。

香烟的危害

烟草是由葡萄牙传教士带到日本的。有一种说法是1543年，一艘装载着烟草与枪支的葡萄牙船只漂流到了种子岛。

江户幕府在1609年实行禁烟，这样做的目的是禁止奢侈浪费和防止火灾，但是这一政策并未取得成效，烟草在老百姓中广泛传播。在甲午战争后，日本政府为了确保财政来源，对香烟贩卖开始逐步实行垄断；到日俄战争（1904）期间，实现了完全的烟草专卖，一直延续到今天。

香烟的烟雾中含有3000多种化学物质，其中有害物质占了200～300种，其中最为危险的就是焦油、尼古丁和一氧化碳。

经常吸烟会产生依赖性，这是由于尼古丁对多巴胺中枢神经系统兴奋（去抑制）的介入。在日本，由吸烟引起的肺癌发病率约为70%，在美国、英国和其他国家则为80%～90%。

据估计，吸烟会导致50种不同类型的疾病。这些疾病包括癌症（肺癌、喉癌等10种）、心血管疾病（血管收缩、心肌梗死、心绞痛、中风等）、消化系统疾病（胃溃疡、十二指肠溃疡、食欲不振等），也会产生蛀牙、牙周病、妊娠并发症、维生素C吸收功能破坏、免疫功能降低、高密度脂蛋白减少等症状。

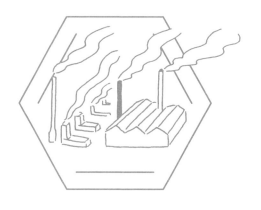

第十五章

石油中

浮现出的

文明

合成纤维的问世

1938 年，第一种合成纤维——尼龙问世，人们称它"由像煤、水和空气一样无处不在的原材料制成，像钢一样坚固，像蜘蛛丝一样优雅，比任何天然纤维都更有弹性，并且具有美丽的光泽"。尼龙结实、轻盈、有弹性、触感丝滑、耐磨、耐化学腐蚀，而且吸水性低，所以洗后很快就干。

一种有力说法是，尼龙这个名字是源于"no run"一词，意思是"不跑"，即"不抽丝"。尼龙因用于制作一种不容易抽丝的女性长筒丝袜而闻名，它取代了一直以来日本用来制造丝袜的丝绸，成为人气商品。

尼龙是由华莱士·卡罗瑟斯（1896—1937）合成的。当时他在一家名为"杜邦"的美国化学产品制造公司工作。杜邦公司为了重振当时落后的美国化学工业，强调基础研究，并招募了最优秀的年轻化学家来从事这项工作（基础研究是指不会立即进行产品转化，而是以寻求真理为目的的研究）。其中一位就是卡罗瑟斯。曾任哈佛大学有机化学讲师的他，于 1928 年，年仅 32 岁时就担任了杜邦公司有机化学研究所负责人。

卡罗瑟斯

作为基础研究的一部分，卡罗瑟斯希望生产出尽可能大的分子（聚合物）。为此，他动员他的研究团队随机聚合"可以组合（聚合）成聚合物的小分子"。

1930 年，与卡罗瑟斯共同进行研究的朱利安·希尔合成了聚酯。当时，它虽和棉花一样结实，但耐热性和防水性太差，不具有实用性。聚酯种类繁多，如今的聚酯已经具有了优良的性能。

杜邦公司的化学部长博尔顿对这一发现非常感兴趣，他指派卡罗瑟斯的小组研究出一种有商业价值的合成纤维。卡罗瑟斯虽抗议说他来杜邦公司是做基础研究的，但最终还是妥协了。

从那时起，卡罗瑟斯的小组开始随机尝试数百种物质的组合。这样广撒网的研究方式最终让他们成功从六亚甲基二胺己二酸盐和己二酸中合成了尼龙。

杜邦公司全力以赴进行开发和研究是为了实现尼龙的工业化生产。到了 1939 年，为了使尼龙厂进入大规模生产所付出的心血甚至不亚于研究和开发。开发工作的困难之一就是合成具有高聚合度的分子（高分子）。如果聚合度很低，纤维的强度就会不理想。

让人不解的是，尼龙的发明者卡罗瑟斯在1937年服氰化钾自杀，当时杜邦公司甚至还没有推出尼龙。那是他过了 41 岁生日后的第二天。他从学生时代起就患有抑郁症，死前几年一直深陷于自己是个失败者的想法中。

日本自古以来就有养蚕的历史，进入明治时期后，日本通过建立专门的学校，如高等养蚕学校，努力发展这项技术。就这样，日本成为一个养蚕大国，养殖量占世界养蚕业的一大半，并且是世界主要的丝绸出口国之一。

在推出尼龙时，日本的大部分生丝都出口到了美国。如果尼龙的出现导致日本生丝被美国拒之门外，这对数十万日本纺织品制造商和以养蚕为生的 200 万农民来说将是一场巨大灾难。事实上，日本丝织品的确因尼龙的出现而受到严重打击，特别是在用尼龙取代丝袜方面。这次对日本生丝行业产生的影响也被称为"尼龙冲击"。

聚酯、尼龙和聚丙烯纤维

聚酯、尼龙和聚丙烯纤维被称为"三大合成纤维"。这三种合成纤维占世界合成纤维产量的98%。聚酯占整体的八成以上。

聚酯手感与羊毛相似，并具有良好的耐热、耐磨、耐洗和耐化学性。它的吸湿性非常小，所以很快就能干，甚至洗完就可以穿。由于它比较容易定型，所以在给纤维调整成一定形状后加热，就可以进行事先打褶或折叠（永久打褶）。

聚酯纤维是通过将线型聚合物纺成纤维制成的，而塑料（合成树脂）则是通过将线型分子随机形成三维形状制成的。聚酯纤维和塑料瓶所用材料是同一种化合物。塑料瓶标有的 PET 是聚对苯二甲酸乙二酯的简称，它也是一种聚酯。

为了对这种塑料瓶进行再利用，人们会将塑料瓶粉碎成小块，加热并纺成聚酯纤维，然后用于制作衬衫等。

吸湿性超强的合成纤维——维纶

京都大学的樱田一郎（1904—1986）教授与他的研究小组从1962年左右开始研究合成纤维。当杜邦公司推出尼龙时，研究小组感到十分震惊。樱田教授拿到了一个长度为 3 厘米、质量为 0.3 毫克的尼龙手工样本，分析并了解它的性能和成分，开始着手开发一种日本特有的合成纤维。

他选择了聚乙烯醇（PVA），它的分子中有许多羟基（-OH）。当时德国已经发现了这种物质。然而因为它溶于水，所以不能用于制造服装。樱田和他的同事们设计了一种方法，使其不溶于水。他们将具有亲水性的 -OH 与福尔马林（HCHO）反应，以将该基团"塑封"，开发出"1 号合成物"（后来更名为"1 号合成物 A"）。

1939 年，当研究团队宣布研发成功时，报纸上刊登了以《日本的尼龙出现了》为题的新闻，但实际上它在热水中会收缩。后来这一点得到了改进，日本在 1940 年制成了既耐热又防水的"1 号合成材料 B"。此后又进行了不断的改良，最终于 1948 年更名为维纶，它是日本的第一种合成纤维。

1950 年 11 月，仓敷 RAYON（现在的日本可乐丽公司）首次实现了纤维工业化（冈山工厂）。在合成纤维中，维纶的吸湿性最强（在标准条件下含水量为 3% ~ 5%），强度高，耐候性强（不易受紫外线的影响而降解），并且耐碱耐酸。1960 年左右，维纶材料的校服大受欢迎，维纶的存在也被大众所认可。

今天，维纶的应用范围十分广泛，利用其高强力、高弹性、亲水性、耐腐蚀性、耐候性等特征，可用于制作帆布、绳索、农用网、海藻网等农业水产材料，以及各种基布、特殊服装（消防服、工作服等）等。

纤维的分类

我们的日常生活中需要各种各样的服装。许多布料是通过将经纱和纬纱编织在一起制成的。纱线是由细长的分子组成的纤维聚合在一起构成的。

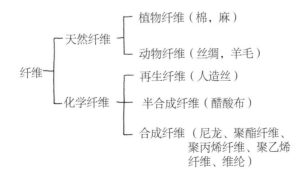

纤维的分类

纤维可分为天然纤维和化学纤维。天然纤维又可分为植物纤维（如棉花和麻等）以及动物纤维（如羊毛和蚕丝等）。化学纤维可分为通过化学处理纤维素制成的再生纤维和半合成纤维以及由石油制成的合成纤维。

人类与天然纤维

人类是唯一穿衣服的生物。然而，我们很难知道这一切是何时开始的。动画片和电影中的原始人类经常身着毛皮，但实际情况如何我们无从得知。很可能在智人的早期，我们就利用树叶和毛皮遮盖身体来保护自己。随着骨针的发明，我们的祖先可以在毛皮上缝制袖子，而且他们也有可能开始用植物纤维和羊毛手工制作布料。

事实上，在石器时代生活在瑞士湖畔的古代人的遗迹中已经发现了使用亚麻纤维的痕迹，在中国西安出土的新石器时代的陶器上也发现了织布的痕迹。

具有历史意义的四种主要天然纤维是亚麻（麻的一种）、棉花、蚕丝和羊毛。亚麻茎表皮附近的韧皮纤维很长，而且它是一种亲水纤维，无论干湿，强度都很高，且具有高度的透气性、可清洗性和保暖性，所以经常被用于制造衣料。这种纤维的成分是纤维素，坚固、美观、耐用，质量上乘。

在埃及发现的 4000 年前的木乃伊是用亚麻包裹着的。同样在埃及，还发现了公元前 2700 年前左右的壁画中描绘着收获亚麻的场景。在工业革命推动棉花成为主流之前，亚麻一直是欧洲的基本纤维，从内衣到床单和枕套，都由亚麻制成。今天，由亚麻制成的亚麻布被认为是高级商品，甚至比棉布的品质更加优良。

棉花是通过从棉花的果实中采摘蓬松的白色种毛纤维（棉花），将种子与棉纤维分离，同时取下附着在种子上的短纤维后得到的。

棉纤维的成分同亚麻一样，都是纤维素。

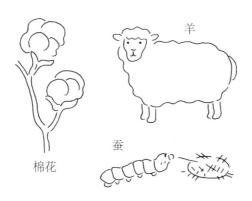

棉花、羊（羊毛）、蚕（丝绸）

    目前为止，有证据显示棉花是最古老的栽培植物，可以追溯到大约8000年前的墨西哥。在约7000年前的印度河文明中也有其种植的痕迹。南美洲的秘鲁，大约从公元前1500年起就开始使用棉花了。到了18和19世纪，世界各地都在种植这种植物。18世纪中期，美国南部被称为"棉花王国"。棉花的种植需要大量的劳动力。到19世纪，美国南部已成为世界上最大的棉花生产地，不过其背后是对黑人奴隶的残酷压榨。这种"奴隶制"也导致了美国内战的爆发。

    昆虫也可以成为"家畜"，其代表就是蚕。蚕是蚕蛾的幼虫，它的原始品种是野生蛾子。经过改良和驯化后蚕的蚕茧很大，能生产出大量的高质量生丝。蚕丝是由生丝拼接而成的。蚕丝的成分是蛋白质。

    中国生产的丝绸在5世纪左右被带到了希腊和罗马。公元552年，拜占庭帝国的查士丁尼一世与两名印度僧侣约定，要求他们带回蚕卵和种植桑树的种子，最终成功地培育出了桑树。由此，君士坦丁堡成为欧洲养蚕业的中心。此后，养蚕业传播到了整个欧洲。

羊毛如今仍然是动物纤维的主角。羊毛由蛋白质构成，主要成分是角蛋白。美利奴羊原产于中亚，但约两千年前西班牙就开始饲养；继欧洲之后，澳大利亚和南非等原殖民地也开始饲养。

在 14 世纪末和 15 世纪的英国，曾有一种说法是"羊吃人"。因为羊的饲养方式多以圈养为主，就这样，牧羊场以惊人的速度占领了农民的耕地，就连林地也变成了牧场。这就像一场羊群的风暴。"圈养"推动了羊毛生产规模的急剧扩大，并使毛纺业发展成为一个国民产业。16 世纪下半叶，都铎王朝的伊丽莎白一世以绝对君主权力扶持并发展羊毛业。然而在工业革命的影响下，羊毛失去了它的主导地位，逐渐被棉花取代。

如今，羊毛的主要产地是澳大利亚、美国和阿根廷，人们在开拓新大陆时将羊也一并带过去了。

不可思议的中间材料

纤维素是亚麻和棉花纤维的主要成分，是一种天然聚合物（又称高分子），由大约 1 万个葡萄糖连成链状组成。除衣物之外，另一种我们十分熟知的由纤维素制成的产品就是纸。一般来说，较细和较长的纤维质量较好，所以 19 世纪末以来，人们一直在研究如何用纤维素生产较长的纤维。

纤维素经化学处理后会变成溶液，然后再将其拉伸形成长纤维。这种再生纤维被称为"rayon"。第一批 rayon 被命名为"人造丝"。因为它具有丝绸般的光泽和质地，而且有良好的洗涤适应性。人造丝主要有两种类型：黏胶纤维和铜氨纤维（cupro）。由于人造丝的质地不同于合成纤维，有更加优良的耐候性和吸湿性，所以被广泛使用。

低分子与高分子

　　纤维是由巨大的分子也就是聚合物构成的。纤维素是亚麻和棉花纤维的主要成分，也是一种聚合物。首先简单介绍一下聚合物。

　　我们周围的许多物质，如水、氧气、二氧化碳等都是由分子组成的。蛋白质和淀粉也是由分子组成的，但它们的分子比水大得多。水等小分子物质被称为低分子，而蛋白质和淀粉等非常大的分子被称为"聚合物"。聚合物是由几千个原子组成的巨大分子。

　　低分子和聚合物一般以其分子量的大小来区分。分子量是指组成分子的原子的原子量（比如氢原子为 1，氧原子为 16 等）的总和。水（H_2O）的分子量为 18，而聚合物的分子量大多在 1 万以上。

　　顺便说一下，聚合物包括纤维素等纤维、塑料、橡胶、蛋白质、DNA 等有机聚合物，还包括水晶（石英）、玻璃等在内的无机聚合物。大多数聚合物是由许多原子像链条一样连接在一起的分子制成的，每个原子都有一个结构单元，形成链条的一环。构成这种结构单元的小分子称为单体。许多单体聚合形成的聚合物称为多聚体。许多的单体结合形成多聚体的反应被称为"聚合"。

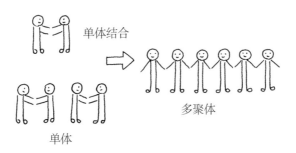

单体和多聚体

什么是塑料

日常生活中，我们被塑料（合成树脂）所包围。许多东西都是由塑料制成的，如电视、电脑、电话的外壳，以及文具、餐具和包装材料等。

塑料很轻，耐腐蚀，可以大规模生产，价格便宜，不易导电或发热，还可以通过加热或施加外力自由改变形状。

塑料之所以在许多行业中得到广泛应用，是因为可以根据目的和用途自由设计和制造。根据加热时的特性不同，塑料可以分为两种类型，即热塑性塑料和热固性塑料。热塑性塑料在加热时会软化，冷却时又会变硬。而热固性塑料加热前是软的，一旦加热就不再变形。

目前生产的大部分塑料是热塑性塑料，主要用于制造薄膜和片材、容器、机器和设备零件、管道和配件、发泡产品、日用品以及建筑材料等。此外，还可以通过添加复合剂（增塑剂、着色剂、阻燃剂、抗氧化剂、润滑剂、增强剂、抗静电剂等）制成具有多种性质的产品。

象牙的替代品赛璐珞

塑料合成的开始是硬橡胶。硬橡胶是将天然橡胶与30%～50%硫黄粉混合在一起，揉成团，放入压膜机中然后加热使其硬化制成的。它以前被用来制作钢笔杆和烟斗。

赛璐珞于1869年在美国被制造出来。它是一种由天然产品加工制成的半合成塑料。

赛璐珞是作为台球使用的象牙球的替代品而出现的。一位名叫约翰·韦斯利·海厄特（1837—1920）的印刷工在纽约的阿尔哈尼镇发现了一张告示，上面写着："奖赏一万美元给发明台球替代品的人。"海厄特接受了这项挑战，由他发明的名叫赛璐珞的产品入选，他也赢得了这笔奖金[1]，并在 1872 年注册了自己的商标。

事实上，赛璐珞并非海厄特自己发明的，而是他从英国伯明翰一位名叫亚历山大·帕克斯的自然科学教授那里购买的专利。1850年左右，亚历山大·帕克斯发现硝酸纤维素与樟脑混合后能产生一种坚硬但有弹性的透明物质。他与一家制造商合作，制造出了一种透明的薄膜，但当时对此并没有需求。因此，他便高兴地将他的专利卖给了海厄特。

1871 年，海厄特将他的奖金投入到台球的生产中。后来他意识到赛璐珞可以用来做更多的产品。到了 1890 年，赛璐珞已被制成了各种产品，并作为家庭和工业用品在美国广泛销售。

1889 年，美国发明家乔治·伊士曼（1854—1932）在他的柯达相机中使用了赛璐珞胶片。托马斯·爱迪生（1847—1931）也将其用作电影胶片。赛璐珞还被用于铅笔盒、衬垫、胶片、梳子、眼镜框和乒乓球等其他产品的制造。

由于赛璐珞中含有硝酸纤维素，具有良好的可燃性，所以也可以作为棉火药使用（见第十七章中"硝化纤维素和硝化甘油"一节）。我还记得在上小学和中学的时候，曾在铝制铅笔帽里装上削好的赛璐珞，然后点燃，当成"火箭"玩。

第一种真正的塑料

直到 20 世纪，人类才成功地从非植物材料中合成出了一种人造塑料，而不是赛璐珞这样的半合成塑料。

1872 年，德国化学家阿道夫·冯·贝耶尔对苯酚与甲醛的化学反应进行研究，得到了一种树脂状物质。30 年后的 1902 年，曾在德国学习电化学的列奥·亨德里克·贝克兰（1863—1944）回到了他

---

① 没有证据表明该奖项曾颁发过。——编者注

在纽约郊区的实验室，召集他的助手们验证贝耶尔的实验。他发明了照相纸，并于1899年以75万美元的价格将其卖给了柯达公司，利用这笔钱在美国建立了一个研究所。

贝耶尔的目标是合成一种产品来替代赛璐珞和橡胶。赛璐珞一旦在高温或低温下使用，其缺点就会显现出来。而橡胶在用作烙铁手柄、烤面包机和电熨斗的插头时会出现裂纹。

但是这并非易事。在贝耶尔之后，许多化学家都失败了。贝克兰克服了困难，他使用少量的碱作为催化剂，在高温和高压下使苯酚与甲醛反应，制成了一种热固化塑料。他在1909年获得了专利，并在1910年建立了贝克莱特公司，正式开始了工业化生产。

第一种真正的塑料"电木"（贝克莱特酚醛树脂），是一种非常坚硬、耐热耐酸、不易导电的绝缘体。黑色和深棕色的电木被用作厨房炒锅和煎锅把手、电插头和收音机刻度盘等，受到了人们的欢迎。如今，它仍然被用于制造电气元件的插座和电路板。

什么是四大塑料

电木推动了人们对新型塑料的深入研究。如今按照生产量多少来排列的话，聚乙烯、聚丙烯、聚氯乙烯和聚苯乙烯是四种使用最为广泛的塑料，被称为"四大塑料"。

除了这四种主要的塑料，还生产出了许多其他类型的塑料并用于各种用途，包括脲醛树脂、酚醛树脂、聚氨酯、醇酸树脂、三聚氰胺树脂和氟树脂等。这些塑料的原料大部分都是通过天然气和原油的分馏获得的碳氢化合物。在天然气资源丰富的美国，石油公司与塑料行业合作，不断探索和生产出新产品。

塑料在第二次世界大战期间迅速发展，成为飞机和无线电中橡胶和其他材料的替代品，并在战后成为人们日常生活中的重要组成部分。

1939 年，英国在高温且超过 1000 个大气压的压力下实现聚合乙烯来生产聚乙烯。通过这种方法获得的聚乙烯被称为"高压聚乙烯"。1953 年，利用齐格勒催化剂（三乙基铝和四氯化钛）使得在室温和压力低至几个大气压的情况下聚合乙烯成为可能。用这种方法生产的聚乙烯被称为"低压聚乙烯"。

低压聚乙烯具有像高压聚乙烯一样的聚合物结构（线型结构），没有分支，密度高，硬度大，适合成型。由于密度的不同，高压聚乙烯也被称为低密度聚乙烯，低压聚乙烯被称为高密度聚乙烯。低密度聚乙烯由于其密度低且结晶面积小，所以透明柔软，因此被用于制造塑料袋和薄膜等薄型产品。

高密度聚乙烯由于其结晶面积大、密度高，具有半透明和坚硬的特点，被用于制作轻而硬的容器，主要包括食品容器、瓶子、塑料桶、石蜡罐、集装箱、管道等。

1954 年，科学家利用纳塔催化剂（三乙基铝和三氯化钛）聚合丙烯，成功合成了聚丙烯。由于它是最轻的塑料之一，易于加工，所以被用于制造管道和容器。

聚氯乙烯于 1927 年由美国的联合碳化物公司实现工业化生产。单体氯乙烯是通过用氯取代乙烯的一个氢制成的。聚氯乙烯具有阻燃性、耐用性、耐油性和耐腐蚀性，应用范围很广，包括各种管道（PVC 管）、电线覆盖等土木工程和建筑材料，农业用布等。聚氯乙烯在室温下很硬，但其硬度可以通过添加增塑剂进行自由调节，可以制成多种形状。

聚苯乙烯于 1930 年在德国首次实现工业化生产。苯乙烯是通过用一个苯基取代乙烯的一个氢而制成的（戊苯环）。苯环稳定，所以质硬，多用于制造容器和缓冲材料。

发泡聚苯乙烯是通过将聚苯乙烯与作为发泡剂的碳氢化合物气

体（如丁烷和戊烷）混合并固化而成。由于内部留有许多微观间隙，所以重量很轻，而且具有良好的隔热性、抗冲击性和防水性。发泡聚苯乙烯价格低廉，易于成型，因此被广泛用作食品包装用的托盘、盒装方便面的容器、海鲜的冷藏箱、建筑用隔热材料和包装的缓冲材料等。

纸尿布里的白色粉末

20 世纪 60 年代，聚酰亚胺树脂开始作为钢铁的替代品在美国得到应用。"工程塑料"一词是指在机械和设备中作为金属替代品使用的塑料。从那时起，人们开发出了各种各样的工程塑料，它们具有强度高、耐热、耐摩擦等特性。

由于它们可以在相对恶劣的环境中使用，所以其在机械和电气元件等需要可靠性的应用场景中发挥了巨大作用。其中，聚碳酸酯、聚酰胺、聚甲醛、改性聚苯醚和聚对苯二甲酸丁二酯被称为五大工程塑料。

此外，超级工程塑料被用于恶劣的环境中，长期暴露在高温下，耐热性能超过 150℃。

这些工程塑料的分子设计考虑到了各种使用场景，包括电学性质、力学性质、光学性质、生物相容性、生物降解性、选择渗透性和吸收性等。

纸尿布就是利用吸水性的一个例子。当我们拆开纸尿布时，会露出里面的白色粉末。当将 0.5 克的这种粉末加入到 100 毫升的水中时，它就会凝胶化并变硬。这种白色粉末是一种超级吸收性聚合物，可以吸收大于其本身重量数百倍的水。

塑料垃圾问题

塑料非常实用，性能稳定不易损坏，优点也可能是缺点，因此产生了一系列的塑料垃圾问题。自然界中能够分解塑料的微生物很少，所以它留在大自然中的时间非常长。由于塑料垃圾数量庞大，在垃圾填埋场经常看到。塑料密度小重量轻，但它的容积占有率在各种废弃物中较高，被视为致使垃圾处理厂、填埋场空间不足的元凶之一。

此外，散落在自然环境中的塑料制品是很难回收的。其中包括缠绕在水禽腿上的渔线，被海龟和其他海洋生物误食的塑料袋，以及微塑料（在水流和紫外线作用下，破碎为粒径小于 5 毫米的塑料）等。塑料垃圾威胁着野生动物的生命，破坏了自然环境，已经成为一个严重问题。

环境保护的压力推动了"生物降解塑料"的开发。生物降解塑料可以和普通塑料一样使用，但使用后会被自然界中存在的微生物分解成水和二氧化碳。比如说聚乳酸，它是由乳酸菌发酵产生的乳酸聚合而成的。它具有与聚苯乙烯和 PET（聚对苯二甲酸乙二醇酯）类似的特性，在正常使用条件下不容易分解。顺便说一下，用十粒玉米就可以制成 A4 纸大小的聚乳酸纸。然而，聚乳酸的缺点是它目前相对昂贵，而且在海洋环境中很难降解，因为它需要超过 50℃的温度才能进行生物降解。

未来，我们仍需要寻找方法来大幅减少生产和消费不可降解塑料，不断开发出更多可生物降解的塑料。

第十六章

梦幻

物质的

另一面

《寂静的春天》的警告

"在美国的一个小镇，所有的生命都与大自然结合在一起，拥有丰富的自然条件。但突然有一天，牲畜和人开始生病甚至死亡。田野、森林、沼泽——所有的一切都沉默了。这里就像被放了一把火，一切都被烧成了灰烬。溪流中的生命之火也已熄灭。

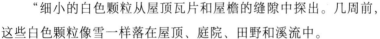

蕾切尔·卡森

"细小的白色颗粒从屋顶瓦片和屋檐的缝隙中探出。几周前，这些白色颗粒像雪一样落在屋顶、庭院、田野和溪流中。

"一个病态的世界——甚至不再呼唤新生命的诞生。但这里并没有被施魔法，也没有被敌人攻击。一切都是人类自己招致的祸端。实际上，这样的小镇并不存在，但是这样的情况却正在发生。

"总有一天，我们会知道这些灾难会不会变成现实。但这究竟是为什么呢？"

这是 1961 年在美国出版的《寂静的春天》一书的开篇"明天的寓言"中的摘要部分。

这本书是蕾切尔·卡森（1907—1964）的畅销书。在书中她警告人们不要滥用合成物质（如农药）。书中提到的"白色颗粒"的代表就是 DDT。DDT 是双对氯苯基三氯乙烷的简称，是一种有机氯杀虫剂。

DDT 是什么

1874 年，DDT 被成功合成，但当时其"杀虫"特性尚未被发现。1939 年，第二次世界大战期间，瑞士的保罗·赫尔曼·穆勒（1899—

1965）发现，DDT是一种非常有效的杀虫剂。他说："如果昆虫必须吃药才能死亡，那就说明这种药效果还是非常微弱。我们也许可以制造一种仅仅通过与昆虫身体接触就能使其瘫痪的毒药（接触毒药）。"于是他开始着手研究天然及合成物质，发现DDT既对昆虫有接触性毒害也能抵抗强烈阳光。

他把它洒在正在破坏马铃薯田的独角仙的幼虫身上，这些幼虫立即掉到地上，到第二天早上就全部死亡了。

DDT可以对付蚊子、苍蝇、虱子、臭虫、蚜虫和跳蚤，效果显著，价格低廉，在世界各地被广泛使用。

当时正值第二次世界大战，而战争总是不卫生的。英国和美国意识到驱蚊剂的高杀虫活性可以帮助避免战场上出现流行病，维护士兵的身体健康，于是在1943年左右开始了驱蚊剂的工业化，成功杀死传播疟疾和伤寒等疾病的蚊子和虱子，使患病风险骤减。

战争结束后，美国军队来到日本，为了减少传播斑疹伤寒的虱子的数量，给日本人全身都喷了DDT。在那个年代的日本，空袭摧毁了城市，卫生条件极差，当时预计会有数万人死于斑疹伤寒，但是由于DDT的杀虫效果，成功地预防了这一悲剧的发生。到20世纪50年代，这种疾病在日本已不再出现。

DDT杀虫作用的发现，不仅帮助日本渡过难关，而且也帮助发展中国家降低了虫媒感染的发生率。1948年，穆勒凭借发现杀虫剂的杀虫作用，对消除传染病做出了巨大贡献而被授予了诺贝尔生理学或医学奖。

对生态系统的恶劣影响

由于DDT价格低廉且杀虫作用强，它最初被人们当作一种"梦幻化学品"广泛使用，对粮食产量的提高和消除传染病起到了巨大作用。据估计，在其使用的前 30 年中，在全世界范围内的喷洒量超过 300 万吨。这些量甚至可以使地球表面整体铺上一层白粉。

然而，卡森指出，有机氯杀虫剂可以在环境中长期存在，会对生态系统产生负面影响。这些杀虫剂具有高度稳定的脂溶性，可以在动物的脂肪中积累，并通过浮游生物→鱼类→鸟这样的食物链逐渐富集。

卡森举例说，在美国加利福尼亚州的克里尔湖出现了大量的蚋等昆虫，为控制这一情况而喷洒的 DDD 通过食物链富集，在小鸊鹈（一种潜在水中捕鱼的鸟）体内的浓度是环境浓度的 178500 倍，导致其种群大量死亡。这是一个造成生物大规模死亡事件的例子，其中的 DDD 是类似于 DDT 的一种有机氯杀虫剂。

《寂静的春天》一书出版后，美国社会反应强烈。DDT 和 DDD 及书中提到的其他负面化学品被禁止使用或严格限制使用。

1972 年，美国为了保护环境，限制 DDT 的使用；到了 1983 年，有机氯杀虫剂的生产量下降到不足 1962 年的三分之一。行业整体也以生产持久性较低、不会在体内累积的农药为目标开始转型。日本在 1969 年禁止面向国内市场的有机氯农药生产，1972 年规定禁止使用。到 20 世纪 80 年代，所有发达国家都已禁止使用有机氯杀虫剂。

死亡人数最多的传染病

疟疾是目前"世界三大传染病（HIV/AIDS、结核病、疟疾）"之一，对公共卫生造成了巨大威胁。这三种传染病每年造成多达 250 万人死亡。

其中，疟疾每年会夺去数十万人的生命。93% 的死亡病例发生在撒哈拉以南的非洲地区，其中大多数是五岁以下的儿童，那里多发热带性疟疾。除此之外，疟疾在亚洲、南太平洋和拉丁美洲等世界其他地区也时常发生。2002 年在瑞士成立了"全球基金"，该机构向低收入和中等收入国家提供资金用于疾病控制。根据该机构日本委员会网站显示，截止到 2017 年，每年有 2.19 亿人以上感染疟疾，约有 43.5 万人死亡。

疟疾可能是造成死亡人数最多的传染病。也就是说，没有什么能比消灭疟疾的病媒——按蚊的 DDT 更能拯救人类的生命。据估计，被挽救的生命高达 5000 万至 1 亿人。

然而，此后又出现了能够抵抗 DDT 的按蚊，甚至可以说 DDT 并没有杀死它们，反倒使它们变得更加强大。农药和杀虫剂不断发展，抗性昆虫不断出现，这是一场持续到现代的拉锯战。

能够替代 DDT 的药物……

然而，目前尚未出现能够完美取代 DDT 的物质。为此，世界卫生组织（WHO）在 2006 年发表声明称："在发展中国家，如果感染疟疾的风险超过了使用 DDT 造成的风险，则允许定量使用 DDT 来预防疟疾。"WHO 鼓励使用"少量 DDT 喷洒在房屋墙壁上"。

使用这种方法的话，既不用担心 DDT 会释放到外界环境中，还能有效地杀死按蚊，减少疟疾的传播。

然而，人们对它是否能有效对付抗性按蚊仍然存在疑问。卡森告诫人们不要大量使用杀虫剂，"应该禁止将 DDT 杀虫剂用于预防疟疾以外的目的，以推迟抗药性的发展"。

发达国家能够成功控制疟疾传播的原因有很多，包括卫生设施和住房条件的改善，居住在湿地的人口减少，良好的排水，以及随时随地可以得到抗疟疾药物等。最后一步才是喷洒 DDT，他们在按蚊产生抗药性之前就已经成功控制了疟疾。

现在，在许多疟疾猖獗的地区出现了耐 DDT 按蚊。随着生活在湿地中的人口增加，生态系统逐渐发生变化，以按蚊及其幼虫为食的物种正在减少。此外，还有战争、公共卫生的恶化以及恶性疟原虫对抗疟疾药物的抗药性的增强等。

贫困和战争是疟疾传播的主要因素。所以要预防疟疾，最重要的是如何让贫穷和战争从这个世界上消失。

为物品保冷

人类一直使用水来使物质保持低温。当固体冰融化成液态水时，会从周围环境中吸收融化所需的热量。这就是用冰使物体冷却的原理。

无釉锅中的液体水会变冷。这是因为从罐子里渗出的水在蒸发时吸收了周围环境中的热量。

假设我们有一种物质，它在正常温度范围内会蒸发，气体压缩后很容易变成液体。如果我们能重复这个循环，即"当液体蒸发时，它会从周围环境中吸收热量，产生的气体又可以被压缩成液体"，我们就能冷却物体。关于这个循环，非常重要的一点就是：究竟有没有这样的物质?

制冷剂就是这样的物质。19 世纪中期，商业制冷设备使用乙醚作为制冷剂。此后，又发明了使用氨作为制冷剂的制冷系统。氯甲烷和二氧化硫也被作为制冷剂使用。如今，冷冻设备也是制冷设备，因为现代家用冰箱既可用于制冷也可用于冷冻。

19 世纪 70 年代，法国发明了装满冷冻装置的冷冻船，并于 1880 年在英国投入使用。 它使得从远离欧洲的澳大利亚、新西兰和南美运输牛羊肉成为可能。

对冰箱的需求不仅限于商业，家庭需求也随时代的发展而有所增加。第一台家用电冰箱出现在 1918 年的美国，使用的制冷剂是二氧化硫。

制冷剂氟利昂的发明

乙醚和氨虽然作为制冷剂有很大用处，但其缺点是容易分解、易燃、有毒、有异味。因此，机械工程师托马斯·米吉利（1889—1944）和艾伯特·莱昂·亨纳（1901—1967）开始寻找新的能够满足制冷剂要求的物质。虽然已知的物质中并没有符合条件的，但含有氟的有机化合物最富希望。

二人试图合成一种物质，使甲烷和乙烷中的一部分氢原子被氟或氯取代。最终在1928年，成功合成了氯氟烃（CFC，一种由碳、氟和氯组成的化合物），美国的杜邦公司以"氟利昂"为其商品名，在日本被称为氟氯烷、氟氯化碳。

CFC满足作为制冷剂的条件：容易从气体压缩成液体，而且当它从液体变成气体时，会从周围环境中吸收大量的热量。除此之外，它还非常稳定，不易燃，无毒，生产成本低，几乎没有气味。

1930年，在美国化学学会的年度会议上，米吉利做了一次精彩的表演，向公众展示了这种新制冷剂的安全性。首先，他将CFC倒入一个空容器，随着制冷剂的沸腾，他把脸伸进氟利昂蒸气中，张开嘴，深吸一口。然后他慢慢地对着事先点燃的蜡烛吹出CFC，火焰被扑灭——这证明了其不可燃性和无毒性。

氟利昂被认为是电冰箱的理想制冷剂，于1930年首次投入生产。同年，电冰箱在日本国内开始生产。

冰箱出现后，在发达国家得到了爆发性的传播和普及，而氟利昂作为其制冷剂也被大量使用。到20世纪50年代，电冰箱已经成为发达国家家庭中必备的标准电器。

到了20世纪50年代中期，电冰箱也成了日本家庭中的必需品。就如天皇有"三件圣物"（镜子、玉石和宝剑）一样，三种家用电器——

黑白电视、洗衣机和冰箱也被称为"三件圣物"。对于普通家庭来说，理想的家电就是他们的宝物。

这三种电器是一种新的生活方式的象征，也是一个工薪阶层努力工作所能承受的一笔消费。20世纪70年代中期，使用氟利昂作为制冷剂的电冰箱取代了传统冰箱，到1978年，普及率已达到99%。

电冰箱改变了人们的生活方式。有了电冰箱之后，人们不再需要每天购买新鲜的食材，可以安全储存易腐物品。同时也可以将提前做好的饭菜冷藏，或者储存冷冻食品。

氟利昂的大量供应使人们不仅可以冷却食物，也能够冷却空气。在热带和亚热带地区，空调的出现使家庭、医院、办公室、机场、商店、餐馆和汽车等封闭环境变得更加舒适。

另外它还被用作喷射剂。由于它具有不可燃性，能够在几乎不与任何物质发生反应的情况下将液体变为气体，这使它成为理想的"喷射剂"。氟利昂还被广泛用于半导体行业，可作为"清洁剂"去除油污而不污染电路板和电子元件；还可作为"发泡剂"用于聚氨酯泡沫（一种建筑绝缘材料）的生产。

人们认为氟利昂没有任何缺点，是一种"理想物质"。

遭到破坏的臭氧层

太阳光中含有的有害紫外线会被臭氧层吸收。进入20世纪80年代，人们发现南北两极上空的臭氧浓度急剧下降。由于臭氧减少的部分看起来像两极上空的一个洞，所以被叫作臭氧层空洞。

平流层中臭氧的形成需要来自太阳的紫外线辐射。原本，在北极和南极的冬季，由于存在长时间都没有太阳光照射的情况，所以臭氧的浓度会下降，然而在春天，当太阳开始照耀时，臭氧又会产生。

不过，在 20 世纪 80 年代中期，出现了一种异常情况——到了春季，臭氧不增反降，甚至减少到无法将有害辐射完全吸收的程度。后来发现这与氟利昂有关，它会破坏臭氧层。当氟利昂到达平流层时，它们会被紫外线辐射分解。由此产生的氯原子，会一个接一个地分解臭氧，破坏臭氧层。

会对臭氧层产生负面影响的氟利昂被称为"特定氟利昂"，目前世界范围内都已禁止该种氟利昂的制造、使用和向大气中的排放。

另外，臭氧层并非从原始地球时代就存在。原始地球的大气主要由二氧化碳，还有一些水蒸气和氮气组成。随着蓝藻等生物的出现，它们通过光合作用吸收二氧化碳并释放氧气，氧气量增加。以这些氧气为基础，在阳光中紫外线的作用下生成了臭氧。

臭氧层位于平流层，位置约在 20 ~ 30 千米高度附近，它可以吸收太阳光中大部分的紫外线辐射，防止其到达地球表面。紫外线增强，会阻碍动植物的生长发育，而对人体来说，会导致皮肤癌患病率的增加和免疫功能的下降。

最初人们认为，正是形成臭氧层后切断了有害的紫外线辐射，生物体才能够从海洋转移到陆地。而现在，我们正在亲手破坏自己赖以生存的家园。

氟利昂替代品的问题

在人们的努力下，氟利昂的替代品诞生了。它具有与传统氟利昂相同的性质，但是却不会破坏臭氧层。有的替代品不含氯原子，有的虽含有氯原子，但是在到达臭氧层之前就已经分解了。

但即便如此，替代品仍然存在问题。氟利昂的替代品虽然不再会严重破坏臭氧层，但是造成温室效应的效果比二氧化碳高几千或几万倍。虽然人们知道氟利昂也会造成温室效应，但在开发氟利昂替代品时没有考虑到这一点，因为在当时看来，臭氧层空洞才是最大的问题。

今天，异丁烷和二氧化碳被用作氟利昂的替代品。异丁烷是从石油中提取的物质，具有可燃性。二氧化碳是不可燃的，但它的缺点是热效率低。

合成物质使我们的生活更方便、更丰富多彩，但一些合成物质也会对环境和人类生活产生严重影响。DDT 和氟利昂只是两个典型例子而已。

因此，在生产和使用合成材料的同时，要重视对环境的关注。在合成物质的开发和生产中，应充分考虑其会对人类生活和自然环境产生哪些影响。

然而，正如 DDT 和氟利昂的例子一样，我们永远不知道何时会出现什么意想不到的问题。因此，在注意到出现问题的迹象时，我们必须利用人类集体的智慧来明智地处理。

第十六章 梦幻物质的另一面

第十七章

人类

对火药

的渴望

提早终结越南战争的一张照片

1972 年 6 月 8 日，这是越南战争最激烈的时候。美联社刊发的一张名为《凝固汽油弹女孩》的照片传遍了全世界。

拍下这张照片的是报道越南战争的美联社越籍摄影师黄幼公，时年 21 岁。他在拍下了一些战斗的照片收拾行李准备返回的时候，南越的军机开始投掷凝固汽油弹。他看到因痛苦和恐惧而哭喊着向他的方向跑来的一群孩子中，有一个女孩光着身子。他按下了快门。

《凝固汽油弹女孩》照片的主人公名叫潘金福，当时只有九岁。黄幼公把她和其他孩子带到了医院。金福的左臂和背部被严重烧伤，但幸运的是没有生命危险。《一个越南女孩：世界上最著名战争照片所引领的命运》（丹尼斯·郑，押田由起译，文春文库）讲述了金福在那之后的故事。

很多人说，《凝固汽油弹女孩》这张照片推动了越南反战运动，加速了越南战争的结束。

将皮肤燃烧殆尽的凝固汽油弹

凝固汽油弹的基本成分是石脑油和由铝与脂肪酸构成的盐，形成一种黏性凝胶（果冻状）。

在越南战争中，美国军队使用凝固汽油弹毁了许多村庄和大面积的森林。凝固汽油弹也经常被应用在此后的战争中。越南战争中，使用的是"凝固汽油 -B"（特殊燃烧弹用燃料），它的黏稠度低，燃烧时间长，可以大范围扩散。它是由聚苯乙烯、苯和汽油构成的。在越南战争期间，美军从飞机上共投放了 40 万吨的凝固汽油弹。

凝固汽油弹从飞机上投下，爆炸后向四周飞溅的凝固汽油会粘在一切物体的表面，并在 900 ~ 1300℃的高温下长时间燃烧，几乎无法被扑灭。附着在人体上的燃料很难清除，会造成大面积烧伤。皮肤彻底烧毁的痛苦会从毛囊渗透到汗腺再到感觉神经末梢，受害者往往在死前饱受折磨。

拜占庭帝国的秘密武器

拜占庭帝国（东罗马帝国，395—1453，首都为君士坦丁堡，现在的伊斯坦布尔）在罗马帝国解体后控制了其东半部。西罗马帝国在 5 世纪末灭亡后，到 6 世纪中期，拜占庭帝国几乎重新控制了整个地中海周边地区。

当阿拉伯帝国倭马亚王朝在叙利亚的大马士革建立时，其创始人穆阿维叶试图使拜占庭帝国屈服，并从 674 年起，对君士坦丁堡进行了长达五年的围攻。面对攻击，拜占庭帝国使用秘密武器"希腊火"进行反击，最终击退了倭马亚军队。

关于希腊火的成分有两种说法：一种是由石脑油组成，另一种是由硫黄、硝石、松脂、沥青组成。如果是按照前者的说法，那么它与如今的喷火器和汽油炸弹属于同类物质。如果是后种说法的话，它就属于火药。

据说，将希腊火装在一个泵状的管子里，当管子对准敌舰，管子里的东西被点燃时，会产生浓烟和强烈的火焰，甚至无法用水扑灭。在 14 世纪初开始实际使用火药之前，人们一直担心火药是只有拜占庭帝国才拥有的秘密武器。由于希腊火的配方在当时是国家机密，所以关于其具体制作方法目前仍然无从得知。

希腊火

希腊火

世界史就是一部化学史

黑色火药的发明与利用

史学家一致认为，由硝石、硫黄和木炭的混合物制成的黑色火药，发明于 10 ~ 11 世纪的中国。它似乎是唐代（618—907）炼金术的副产品。

1135 年左右，黑色火药在南宋开始被用于战争，并在金朝（1115—1234）和元朝（1271—1368）广泛得到使用。1232 年，金朝通过在铁制容器中装入火药，点燃后用投石机抛向敌人，从而打败了蒙古入侵者。蒙古军队从这次痛苦的经历中吸取了教训，也开始使用火药。

穿过中东地区，黑火药于 13 世纪传入西欧，并被用于制造大炮和枪支。第一批枪支于 1381 年出现在德国南部。它在 15 世纪下半叶被投入实际使用，并在 16 世纪得到了广泛应用。战场上战斗方式的改变导致了骑士阶层的衰落。骑士们平时一直在练习骑术、长矛和剑术，但随着战斗中火器的出现，骑士们的骑术变得不再那么重要。配备枪支的步兵集团成为战斗的主力。

大炮是在 14 世纪由中国发明的。15 世纪时，它们通过中东传入欧洲。拜占庭帝国的君士坦丁堡被希腊火保护了 700 年，而将其击垮的是奥斯曼帝国制造的一种巨炮，这种大炮能射出重达 300 千克的石头炮弹。中国在 15 世纪初，欧洲在 16 世纪中叶，开始使用填充有火药的爆炸性炮弹（称为炸药）。

硝化纤维素和硝化甘油

直到大约 19 世纪中期，黑火药仍然被广泛应用。然而，黑火药也有一些缺点，比如在潮湿的情况下点燃困难，烟雾过大，威力不够强大等。另外，开发矿山等也需要更强大的火药。

为此，欧洲各国的军队和产业界长期以来一直在等待一种新的更强大的火药出现。1845 年，克里斯蒂安·舍恩拜因（1799—1868，德国、瑞士）发明了硝化纤维素（后来被称为火药棉）。它是通过将棉花与混合酸（硫酸和硝酸的混合物）混合并进行反应后制成的。它的爆炸力比黑火药强得多，但由于它容易爆炸，所以有可能造成火药厂和仓库的重大爆炸，使用不便。

硝化甘油是索布雷罗（1812—1888，意大利）在 1847 年发明的。硝化甘油是一种无色透明的液体物质，当被击打或加热时，会产生巨大的爆炸。它和硝化纤维素一样难以运输和储存，因为轻微的冲击就会使其爆炸。

生产硝化甘油的工厂的工人常抱怨说会出现严重的头痛。研究表明，头痛是由于处理硝酸甘油时引起的血管扩张。反过来，硝化甘油可以被用来治疗心绞痛（将血液输送到心肌的血管变窄的疾病）。

黑火药每千分之一秒产生的压力为 6000 个大气压，而硝化甘油每百万分之一秒产生的压力为 27 万个大气压。也就是说，硝化甘油具有巨大的爆炸力。为此，人们研究出一种避免硝化甘油受冲击或受热爆炸的安全使用方法。

说一句题外话，我曾经做过硝化甘油的合成和爆炸实验。将无色透明的硝化甘油吸在玻璃毛细管中，当把毛细管放在燃烧器的火焰中时，即使是非常小的量也会产生巨大的爆炸，玻璃毛细管最顶端被炸成碎片，有时燃烧器的火焰也会被爆炸时产生的冲击波扑灭。

炸药的发明

1862 年，阿尔弗雷德·诺贝尔（1833—1896）与他的父亲和兄弟们一起，在瑞典建立了一家小工厂，生产硝化甘油。然而，即使他的工厂规模非常小，仍然发生了可怕的爆炸。爆炸不仅摧毁了工厂，还导致五名工人失去生命，其中一个是他最小的弟弟。他的父亲也因这场事故受到巨大打击，很快就去世了。后来，他和其余的兄弟们一起，致力于研究如何保证硝化甘油的安全性。

诺贝尔

诺贝尔使用了各种材料，包括纸、纸浆、锯末、木炭、煤和砖灰等，但是都未成功。最后，他在1866年发现，将硝化甘油浸泡在硅藻土（单细胞藻类硅质的残骸沉积物）中，可以增加它的稳定性，使储存更加安全。

后来，诺贝尔发现通过使用其发明的"雷管"（为了引爆炸药或火药，向管子中装满引爆品等）可以保持爆炸力。一年后，他开始正式在市场上销售这种炸药。

除了炸药之外，诺贝尔还开发了无烟火药，将其作为军用火药出售给世界各国。他在世界各地经营着大约15家炸药厂。在俄国，他开发了巴库油田，积累了巨大的财富。

这是诺贝尔在去世前一年左右写下的遗嘱。

在此我要求遗嘱执行人以如下方式处置我可以兑换的剩余财产：将上述财产兑换成现金，然后进行安全可靠的投资；以这份基金成立一个基金会，将资金所产生的利息每年奖给在前一年中为人类做出杰出贡献的人。将此利息划分成五等份，分配如下——一份奖给在物理界有最重大发现或发明的人；一份奖给在化学上有最重大发现或改进的人；一份奖给在生物学或医学界有最重大发现的人；一份奖给在文学界创作出具有理想倾向的最佳作品的人；最后一份奖给为促进民族团结友好、取消或裁减常备军队以及为和平会议的组织和宣传尽到最大努力或做出最大贡献的人。物理奖和化学奖由斯德哥尔摩瑞典皇家科学院颁发；生理学或医学奖由斯德哥尔摩罗琳医学院颁发；文学奖由斯德哥尔摩文学院颁发；和平奖由挪威议会选举产生的5人委员会颁发。对于获奖候选人的国籍不予任何考虑，也就是说，不管他或她是不是斯堪的纳维亚人，谁最符合条件谁就应该获得奖金。我在此声明，这样授予奖金是我的迫切愿望。

······

这是我唯一有效的遗嘱。在我死后，即便发现了我之前立下的其他遗嘱，也一概作废。

最后，在我死后，我的静脉将被切开。当切开完成后，由医生明确表示我已死亡，我的遗体将在所谓的火葬场火化。

（《诺贝尔奖：二十世纪的普遍语言》矢野畅著，日本中公新书出版）

在他去世后，诺贝尔基金会（总部设在斯德哥尔摩）成立，并于1901年开始颁发诺贝尔奖。最初的五个奖项是物理学、化学、生理学或医学、文学与和平奖，但在1969年，加入了经济学奖，变为六个类别。

许多人认为，诺贝尔对自己的发明被用于战争感到内疚，所以将诺贝尔和平奖加入了遗嘱中。

但是诺贝尔的想法，似乎并非如此。

诺贝尔对访问他的奥地利作家贝塔·冯·苏特纳（1843—1914）说了这样的话：

炸药

"我想发明一种具有非凡威慑力的物质或机器，来永久地避免战争发生。""敌人和伙伴，短短一秒钟就可以将对方完全破坏，如果这样的世界到来的话……""这样大概所有文明国家都会受到威胁，从而放弃战争，解散军队。"

如果能够制造出可以在瞬间摧毁对方的武器，这样即便是想发起战争，也会因恐惧而放弃。这就是诺贝尔开发高级军用火药，并将这些炸药卖给许多国家军队的原因。

他一生都憎恶战争，渴望和平，这一点应该不是谎言。他似乎认为，仅仅依靠减少军备无法获得和平，而武器的杀伤力越高，越能实现和平。

然而，诺贝尔遗嘱中提到的"促进民族团结友好、取消或裁减常备军队以及为和平会议的组织和宣传尽到最大努力或做出最大贡献的人"（和平奖）似乎与他先前的观点相矛盾。当时，诺贝尔的朋友、作家苏特纳于 1889 年出版的以反对战争为主题的小说《丢掉武器！》在欧美受到欢迎。据说，诺贝尔是被这部小说打动，所以决定设立和平奖。

顺便说一下，第一位获得诺贝尔和平奖的女性就是苏特纳，她在 1905 年获得了第五届诺贝尔和平奖。因为她作为一名作家及和平主义者，在饱受战争蹂躏的欧洲，为和平事业奉献了自己的一生。

从黑火药到无烟火药

具有强大爆炸性的炸药不能作为子弹发射药使用。这是因为枪支无法抵御炸药的剧烈爆炸力。

各国军队都希望有一种比黑火药更强的子弹用火药。1884 年，无烟火药问世，它解决了"黑火药发射时特有的白烟和火药残留"问题。当少量的棉状硝化纤维被点燃时，不会出现烟雾。另外它会瞬间燃烧，不留下任何痕迹，因此使用起来非常方便。

无烟火药是一种以硝化纤维为基础，加入了稳定剂的火药，与诺贝尔研发的混合无烟火药类似。可以分为仅靠硝化纤维和稳定剂单独构成的"单基火药",加入了硝化甘油的"双基火药"和在此基础上加入了硝基胍的"三基火药"。

目前单基火药用于手枪和步枪,爆发力强的双基火药用于迫击炮等其他火器,三基火药用于需要更大威力、具有更强稳定性的大型武器。

人们还探索了装入子弹内能够使子弹爆炸的火药。1871 年,首次合成了三硝基苯酚,这是由苯酚硝化后得到的。由于它的味道极其苦涩,也被称为苦味酸。

苦味酸是一种明亮的黄色粉末,可用来制造丝绸和羊毛的合成染料,但后来发现如果有合适的起爆剂,可以作为一种炸药使用。然而,它在潮湿时很难引爆,在雨天和潮湿的天气不爆弹较多。

1906 年,德国生产出一种强力炸药——三硝基甲苯(TNT),因为它不受湿度的影响,所以在军事使用上优于苦味酸。苦味酸和三硝基甲苯都是硝基化合物。

化肥和炸药都用它

1907 年,使空气中的氮气和氢气直接反应合成氨气的哈伯法取得成功,这使得由氨气生产硝酸成为可能。以此为基础,可以制造出硝酸铵(NH_4NO_3)等化肥和炸药。

过去,爆破矿山和隧道大多使用炸药,后来逐渐被以硝酸铵为主要成分的爆炸物质取代。到了 1973 年,硝酸铵的生产量已经与炸药持平,此后生产量便一直高于炸药。

以硝酸铵为主要成分的炸药可以分为以下几类:由 94% 的硝酸铵和 6% 的燃油混合而成的铵油炸药,以及硝酸铵中含水量在 5%以上的"含水炸药"。

炸药的破坏力如下:铵油炸药 > 含水炸药 > 普通炸药。铵油炸药比普通炸药和含水炸药价格便宜三分之一，且安全性高。然而，它缺乏耐水性，爆炸后会产生有毒气体，而且难以破坏硬岩。含水炸药包括浆状炸药和乳胶状炸药。与普通炸药相比，含水炸药便宜且安全性高，所以它正在逐渐取代普通炸药。

如果处理得当，硝酸铵是一种非常安全的炸药；但由于操作不当而导致的事故，以及被用于恐怖袭击等悲剧也屡见不鲜。

举一个最近的例子，2020 年 8 月 4 日在黎巴嫩佩鲁特的港口地区发生了大规模爆炸。据估计，超过 200 人死亡，6500 多人受伤，约 30 万人无家可归。爆炸现场是一个仓库，里面存有大约 2750 吨的硝酸铵。这些硝酸铵在安全防护措施不足的情况下存放了六年。据推测，这些硝酸铵就是导致大规模爆炸的原因。

火药，无论是在战争还是在和平年代，在破坏或是在建设方面，都对我们的文明产生了巨大的影响。

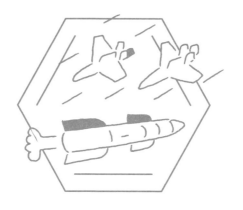

第十八章

化学武器和

核武器

穷人的核武器

化学和生物武器也被称为"穷人的核武器"，因为与核武器相比，它们同样有着强大的杀伤力，但更容易生产，成本也更低。

化学武器是指作为"战争工具"使用的合成物质（毒气等），用于破坏敌人以及维持他们生存的植物和动物的生理机能。化学武器最初被作为一种新的战术武器在第一次世界大战中投入使用。从1915年4月德军在伊普尔战役中使用氯气开始，第一次世界大战中共使用了约30种毒气武器，研究了3000多种合成物质，包括窒息性的光气、二光气、呕吐气体（二苯基氯胂）和腐蚀性的二氯二乙硫醚（芥子气）等。

由于化学武器导致的残酷后果，第一次世界大战后，1925年6月17日各国签署了《日内瓦议定书》，禁止将毒气和细菌武器作为大规模毁灭性武器使用。然而，该议定书只禁止了毒气的使用，而并未对此类武器的开发和制造加以约束。

纳粹德国在第二次世界大战中被打败前，已经合成了约2000种可作为化学武器的有机化合物。德国人开发了一种新的强大的化学武器——"G（德国）气体"。一个典型的例子就是塔崩，它是在1937年被合成的，到了1944年生产量已经达到3万吨。另外，1938年合成的沙林，其毒性是塔崩的两倍（光气的32倍，芥子气的15倍）。在战争即将结束时，又开发了一种更加强大的化学武器——梭曼。G气体在集中营的犹太人和俄罗斯人身上进行了反复试验。

在美国，1942年成立了生物战委员会，埃奇伍德兵工厂和德特里克堡生物实验室也开始了化学和细菌武器的研究，在战争期间生产了27000吨毒气。

1931 年，日本在中国东北组织的 731 部队（石井部队）以"其他国家无法比拟的残酷程度"进行了人体试验和研究。此前，1927 年在广岛县的大久野岛建立了一个毒气工厂，名为"陆军造兵厂忠海制造所"。直到二战结束，日本生产了大量的芥子气和氰化氢。

二战中投入到实际战争中的化学武器只有日军在侵华战争中使用的化学武器，所以可以说德国最终并没有使用化学武器[①]。然而，可以明确的是，在战争期间，美国已经计划以报复日本在中国使用化学武器为理由，使用芥子气和光气来攻击日本。

如今任何拥有一定化学工业的国家都可以生产化学武器。一部分国家现在仍然在继续拥有和使用化学武器。

《禁止化学武器公约》于 1993 年 1 月首次由联合国签署，并于 1997 年作为一项多边条约生效。其正式名称是《关于禁止发展、生产、储存和使用化学武器及销毁此种武器的公约》。日本于 1993 年 1 月 13 日签署了该条约，并在 1995 年 4 月经国会批准后，于 1995 年 9 月 15 日获得正式批准。

日本国内的另一个重大事件就是沙林毒气袭击。1994 年，"奥姆真理教"（其创始人是麻原彰晃，原名松本智津夫）在长野县松本市喷洒沙林毒气，造成 8 名居民死亡，144 人中毒（松本沙林事件）。1995 年 3 月，"奥姆真理教"在东京地铁的五个位置喷洒沙林毒气，造成 13 名乘客和车站工作人员死亡，约 3800 人中毒（地铁沙林事件）。此外，"奥姆真理教"还使用 VX 毒气来杀人。

德国化学武器之父

在化学武器的研究和发展方面，德国化学家弗里茨·哈伯

---

① 原文如此。德国纳粹在奥斯维辛集中营等地使用毒气杀害犹太人的事实，说明其生产了化学武器，并在战争中有针对性地使用。——编者注

（1868—1934）不应该被遗忘。

1915 年 4 月 22 日第一次世界大战期间，在比利时的伊普尔德军与英法联军的战斗中，黄白色的烟雾在轻快的春风中从德国阵地飘向法国阵地。烟雾一涌入战壕，士兵们就纷纷倒下，他们被烟雾笼罩，抱着胸尖叫，痛苦不堪。整个阵营顿时变成了"阿鼻地狱"。

哈伯

这是历史上第一次全面的毒气战，即第二次伊普尔战役。这个时候使用的是氯气。德国军队在伊普尔前线附近的五千米范围内释放了 170 吨氯气，造成 5000 名法国士兵死亡，另有 14000 人中毒。

第二次伊普尔战役后，英国军队于同年 9 月用氯气进行了报复，法国军队则于次年 2 月进行了报复。德国和盟国（英、法、俄等其他国家）都动员了他们最好的科学家来生产毒气。

氯气是一种黄绿色的气体，在工业革命和纺织业兴起期间被用于制造漂白粉，以漂白布料。漂白粉是通过将氯气吸收到消石灰（氢氧化钙）中制成的。

德国在 1890 年通过电解盐水的工业方法成功生产出质量极佳的氢氧化钠。这个过程中出现的一个副产品就是氯气。氢氧化钠是制造肥皂和玻璃的重要原料，也是苏打工业的主要物质（钠化合物被称为苏打）。随着社会对玻璃和肥皂的需求增加，氯气的产量也在增加，但由于氯气的用途仅限于漂白粉和消毒剂，因此出现了产量过剩。德国注意到了氯气的过度生产，并在第一次世界大战中"使用"了它。

这次毒气战的技术指挥官正是哈伯。"如果我们能用毒气武器迅速结束战争，就能拯救无数的生命"，这就是当时他倡导其他科学家参与开发毒气武器时的说辞。他是一个具有盲目爱国主义精神的人，也可以说用一种称得上是异常的方式带头开发了化学武器。

有一个人一直以冷静的目光注视着哈伯的热情。这就是他的妻子克拉拉。克拉拉本身就是一名化学家，她从人道主义的角度出发，敦促她的丈夫从化学战中抽身。

但哈伯的回答是："科学家在和平时期属于世界，但在战争时期属于祖国。我认为，德国是给世界带来和平与秩序、保护文化和发展科学的国家。"克拉拉在跟随哈伯对东部战线的氯气炸弹进行视察的当晚，留下了儿子，结束了自己的生命。

德国军队继续在伊普尔展开了第二次和第三次攻击。然而，由于对氯气采取了防护措施，包括使用防毒面具等方法，伤亡人数日益减少。

尽管如此，德国军队指挥部还是认识到了毒气攻击的作用，哈伯被任命为新成立的陆军部化学部门负责人以及普鲁士王国的上校。作为一个犹太人，这对哈伯来说是一种特殊的晋升。

德国拥有当时世界上最强大的化学工业。哈伯很快转向了新毒气——光气的实验。光气是一种窒息性气体，比氯气的毒性大十倍。法国人也准备了光气，但就在法国因光气的毒性太强而犹豫不决时，德国人已经开始使用。除了开发新的气体外，哈伯还召集化学家加强防毒方法，并开发了新的防毒面具。

另外，为了报复法国人的光气攻击，哈伯还使用了毒性更强的二光气。最后，哈伯使用了芥子气。这是一种终极毒气，无色，仅仅接触就能够造成皮肤灼伤以及严重的肺气肿，对肝脏造成损害。

战争变成了无休止的疯狂杀戮，凄惨异常。1917年，美国对德国宣战。随着拥有巨大生产能力的美国的加入，战争形势变得对包括法国和英国在内的盟军更加有利。美国也开始生产芥子气，其芥子气炸弹产量甚至在战争结束后达到了一天 25 万发，远超德国。美国还开发了路易式毒气，一种具有侵蚀性、对肺部伤害性极强的有毒气体。这也使它成为世界上屈指可数的毒气开发国和保有国。

1918 年，哈伯因其在氨合成（哈伯‐博施法）方面的功绩而被授予诺贝尔化学奖。然而，尽管他通过用氨生产化肥对世界农业做出了决定性的贡献，但他让成千上万的人被毒气笼罩也是事实。人们纷纷向哈伯投去了蔑视的目光。特别是盟国的科学家，对哈伯获得诺贝尔化学奖表达了不满。

第一次世界大战后，由于《凡尔赛条约》的签订，德国失去了战前国土面积和人口的 10%，受到了包括禁止生产和使用化学武器在内的军备上的限制，还被要求支付巨额赔款（赔偿金额于 1921 年正式确定为 1320 亿马克）。为了帮助支付赔款，爱国人士哈伯计划从海水中提取黄金。然而，他尝试后才发现海水中的黄金浓度比预期的要低得多，付出与获得并不成正比。

后来，当阿道夫·希特勒上台后，作为犹太人的哈伯的地位一落千丈。即使他曾是凯撒·威廉研究所的物理化学和电化学研究所所长，但也不得不辞职。

卡尔·博施（1874—1940）通过开发哈伯‐博施法实现了合成氨的工业化。他在与希特勒的一次面谈中警告希特勒："驱逐犹太科学家就是将物理学和化学

博施

从德国驱逐出去。"而他得到的回答却是："这样的话，此后的几百年，德国就不需要物理和化学。"

后来哈伯被接到了英国剑桥大学，但他却受不了那里冬天的寒冷天气。研究失意，身体和精神上的疲劳使他的健康每况愈下，于是他决定去瑞士休养，并在离故乡一箭之遥的巴塞尔去世。

日本军队和毒气

1929 年，日本陆军在濑户内海的大久野岛建立了一个化学武器（毒气）工厂。由于国际法禁止生产毒气，因此当时对此实行了严格的保密。

直到 1945 年战争结束前，这个岛屿被作为一个秘密岛屿从日本地图上抹去了。

生产开始于 1929 年。1933 年，工厂进行了扩建。1935 年再次扩建，当时芥子气、路易式毒气、几种类型的催泪瓦斯和氰化氢（氰化物气体）都处于秘密生产状态。

1937 年 7 月，随着卢沟桥的一声枪响，侵华战争全面爆发，毒气生产的工人人数达到了 1000 人。在战争的高峰期，多达 5000 人在此工作，24 小时生产各种毒气。这些毒气被送到了战争前线。

在工厂里，很多工人因暴露在毒气中失去了生命。1933 年 7 月，一个年轻人在将氰化氢倒入罐子时，防毒面具的吸收罐上不小心沾到了毒气的喷雾，年轻人瞬间吸入毒气，出现了急性氰化物中毒症状，瘫倒在地。当将他翻过身来仰卧时，为时已晚，可怕的痉挛已经控制了他的整个身体，第二天他便死去了。许多工人长期吸入芥子气等毒性气体，患上了呼吸道疾病，据说在大久野岛工作的人至少会感染一次肺炎。

大久野岛生产了大量芥子气。由于它的味道就像芥末一样刺鼻，因此得名。它是一种挥发性液体，对皮肤和内脏器官有很强的侵蚀性。当它与皮肤接触时，会引起皮肤溃烂和烧伤，即便愈合仍会留下疤痕。人体一旦吸入，就会腐蚀肺部。

路易式毒气也是一种侵蚀性的有毒气体，被称为"死亡之露"。仅仅吸入一滴就会在短短30分钟内丧命。伴随着皮肤溃烂的痛苦，吸入后呕吐感就会迅速袭来，整个身体都会受到严重影响。

从1939年夏天开始，日本用路易式毒气对付中国军队。路易式毒气的使用高峰是在长达四个月的武汉会战期间（1938年6月12日—10月25日）。据报道，当时大约进行了375次毒气袭击。

在太平洋战争开始前后，大久野岛的毒气生产进入高峰期；但从1943年左右开始，烟幕弹和普通炸弹的生产逐渐成为主角，毒气生产逐渐停止。

1942年6月，美国总统富兰克林·罗斯福警告日本："如果日本继续对中国或任何其他盟国使用这种非人道的战争手段，我国政府将视其为对美国犯下的罪行，并将以同样的方式在最大限度上予以报复。"

之所以发出这种警告，是因为美国政府掌握了日本在中国使用毒气武器的确凿证据。有一种说法是，在此之后日本军队停止了在中国使用毒气武器。

日本还面临另一个问题，就是铁（用于制造盛放毒气的容器）和其他材料的短缺。当时普遍认为铁应该优先用于制造炸弹。因此，日本人因为害怕报复而停止制造毒气武器。

第一次世界大战时，战争都围绕在阵地展开，所以化学武器在一定程度上起到了效果。但第二次世界大战的作战方式更注重武器的高火力和机动性，这也在一定程度上使得化学武器稍显过时。

"末日时钟"的冲击

1949 年以后，美国科学杂志《原子能科学家公报》每年都会公布一个"末日时钟"，以警告核开发、发起战争和环境破坏对地球的影响。

"末日时钟"是由在曼哈顿计划中参与第一颗原子弹开发的美国科学家创设的，以警告核战争的危险。时钟将人类灭亡设定为午夜零点，并显示距离午夜零点还剩的时间。当核战争或其他危险的威胁增加时，指针会向前移动；当危险降低时，指针会向后移动。

2020 年 2 月 13 日发布的末日时钟显示的时间距离世界末日仅剩"100 秒"，达到有史以来最短。伊朗核协议的中止，朝鲜开发核武器，来自美国、俄罗斯和其他国家核扩散的持续使核武器的威胁日益增加，以及世界应对气候变化的不作为，都是时间变短背后的原因。

从未失去人性的女物理学家

投放在广岛和长崎的原子弹利用了核裂变时释放出的巨大的能量。莉泽·迈特纳（1878—1968），一位在奥地利出生的犹太女科学家，在揭开核裂变的秘密方面发挥了不可或缺的作用。

迈特纳

1938 年，德国的奥托·哈恩（1879—1968）和他的学生弗里茨·斯特拉斯曼（1902—1980）在德国进行了实验。该实验是恩利克·费米（1901—1954）等人进行的研究中子对铀的影响的后续实验。结果显示，出现了一组原子序数高于铀（铀的原子序数 92）的元素群——超铀元素，同时还生成了原子序数为 56 的钡元素。

迈特纳在成为柏林大学教授之前，曾在凯撒·威廉研究所担任研究员。由于一些原因，她逃亡到了瑞典，其中一部分原因就是纳粹德国对奥地利进行吞并，且剥夺了犹太人的公民权利。她从哈恩的一封信中了解到钡元素的发现。哈恩拜托远隔千里的迈特纳对这一发现进行解析。

迈特纳给她在哥本哈根的外甥、物理学家奥托·罗伯特·弗里施写信，恳求他来见自己。他们在雪中散步时讨论了这个问题。迈特纳得出结论 "这就是核的裂变"，并阐明了裂变现象。

然而，因"发现核裂变"的功绩而被授予诺贝尔化学奖的只有哈恩，并没有迈特纳。但即便如此，几乎所有的物理学家都明白是迈特纳创造了这一科学界的伟大成就。

战争期间，迈特纳留在了瑞典，继续她的核研究并致力于培养年轻科学家。如今，她曾工作过的研究所被命名为"迈特纳研究所"。1947 年，迈特纳被邀请回到她以前在柏林的岗位。尽管哈恩和斯特拉斯曼百般恳求，她仍然拒绝了这个提议。

迈特纳也被邀请参加在美国开发和制造原子弹的"曼哈顿计划"，她同样拒绝了。迈特纳的墓碑上刻着这样的一句话："一位从未失去人性的物理学家。"在她去世后，她获得了远超诺贝尔奖的荣誉。第 109 号元素是以她的名字命名的——meitnerium 鿏（见第三章中"元素的发现和元素周期表"一节）。除此之外，还有以她名字命名的小行星、金星及月球的陨石坑。

原子弹的原理是裂变链式反应

当发现铀裂变过程中释放中子的现象时，人们就想到了制造可从裂变链式反应中获得大量能量的原子弹。自然界中的铀有三种主要的同位素，分别是铀238（天然丰度比为99.28%，天然丰度比指每一种同位素在自然界中存在的比例）、铀235（天然丰度比为0.71%）和铀234（天然丰度比为0.0054%）。

当铀235的原子核被一个中子撞击时，会分裂成两个新的原子核。铀235是所有铀核中最容易裂变的，因此它被用于制造原子弹（含90%以上的铀235）和核燃料（含3%~5%的铀235）。

当一个铀235发生裂变时，会释放出2~3个中子，同时释放出大量能量。由此释放出的中子又和周围的铀235碰撞引起核裂变（核裂变的生成物就是铀原子核裂变的产物，会产生许多比铀更小的原子）。就这样，发生裂变的链式反应，其结果就是释放出大量的能量。

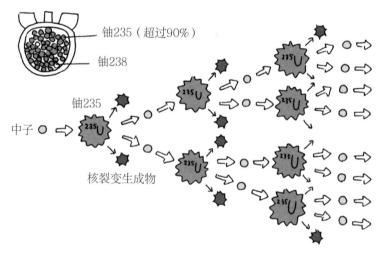

铀235的核裂变链式反应被运用到了广岛原子弹中

曼哈顿计划

"曼哈顿计划"是第二次世界大战期间美国进行的原子弹生产计划的代号。科学家和工程师们被动员起来开发和生产原子弹。

1941年，美国决定制造原子弹，同年12月，成立了原子能委员会。原子弹只需要一定量（称为临界质量）的裂变铀235和钚239的组合。如果在临界质量以下，炸弹永远不会爆炸。在自然状态下，铀235的临界质量为49千克，钚239为12.5千克。然而，通过使用中子反射层将中子反射到核裂变材料中，可以使临界质量大大降低（中子反射层是一种可以反射中子的材料，目前使用的是铍，它可以反射本来会从炸弹中逸出的中子，并有效地加以利用）。据推算，一个钚弹头约有3～5千克重。

制造原子弹必须解决的一个问题就是要将存在于天然铀中仅有0.71%的铀235分离出来并浓缩，还要建造一个核反应堆来生产同为裂变元素的钚。

钚是一种高放射性的人工元素，在1940年末由格伦·西奥多·西博格（1912—1999）等人首次生产出来。通过用中子轰击铀238，可以得到钚239。

到1945年初，美国已经生产出了足够的钚239和高纯度（浓缩度提高）的铀235来制造原子弹。在解决了一些问题之后，第一颗实验原子弹于1945年7月制成，在新墨西哥州的沙漠中进行了爆炸试验。

炸弹爆炸时，会产生一个温度为1000万摄氏度、几百万个大气压的火球。初期会在短时间内放出大量放射线，然后随着温度逐渐降低，会放射出红外线和紫外线，将周围的一切全部烧毁。它还会产生冲击波，将所有的东西击倒，产生带有强烈放射性的灰烬，以及被称为电磁脉冲的强大电磁波。

1945 年 8 月 6 日，美国军队在广岛市投下了世界上第一颗铀弹——"小男孩"。距离爆炸中心两千米以内的物质被全部烧毁，到该年年底，据信已有 14 万人死亡。同月 9 日，美国在长崎市投下了钚弹——"胖子"，大约有 1.3 万栋房屋被摧毁或烧毁，到该年年底，死亡人数估计达到了 7.4 万人。

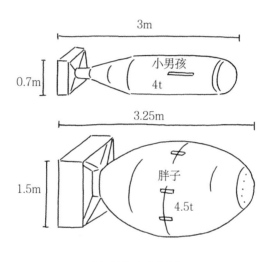

"小男孩" 和 "胖子"

"小男孩" 和 "胖子" 分别利用了铀235和钚的核裂变连锁反应。

此后，美国一直保持着对原子弹的垄断。直到 1949 年 8 月，苏联原子弹试验成功，垄断才被打破。

氢弹的开发

为了巩固美国的优势，美国总统哈里·S·杜鲁门下令生产氢弹，它将产生原子弹所无法比拟的巨大能量。

当两个原子核足够接近时，它们可以融合成一个，形成一个新的原子核。这种核反应被称为聚变反应，反应过程中可以释放出巨大的能量。太阳也会发生核聚变反应，如四个氢原子融合形成一个氦原子。氢弹是一种以原子弹为引爆器的核武器，它会利用裂变反应产生的放射线、超高温和超高压引起氘和氚发生核聚变反应。

在美国和苏联冷战期间，两国都进行了氢弹的试验和开发。尽管如此，美国和苏联在朝鲜战争、古巴导弹危机、柏林墙对峙和越南战争期间实行"冷战"，没有使用核武器。但是1961年至1962年爆发的古巴导弹危机却险令核大战爆发。

美国试图通过古巴流亡者实施的"猪湾入侵"（1961年4月）来推翻这个社会主义国家，但未获成功。苏联的尼基塔·赫鲁晓夫为了通过第三世界的支持加强其核战斗力，以让本国在与美国的对抗中获得优势，便在古巴部署了核导弹。此时，世界笼罩在核战争的危机下。1962年，美国为抗议导弹部署，封锁了古巴，并威胁苏联撤走核导弹，否则就用氢弹攻击。最后，经过两国领导人的直接谈判，苏联拆除了导弹，危机得以解除。

随着冷战的结束，东西方阵营之间的对立逐渐消失，世界开始走上减少核武器的道路。但如今核威胁又呈复燃态势，核弹头的削减进程停滞不前，核武器的扩散和核恐怖主义的威胁仍然存在。

第二次世界大战后，科学家们采取了一系列行动，如发表《斯德哥尔摩倡议》和《罗素 - 爱因斯坦宣言》，直接向世界人民呼吁销毁核武器，和平利用原子能。1957年，来自世界各地的22名科学家聚集在加拿大的帕格沃什渔村，就核武器的危险、辐射的危害和科学家的社会责任等问题进行了认真讨论，这也促成了帕格沃什会议的召开。这是一次关于废除核武器的国际和平会议，在某种程度上也可以反映出科学家们对社会责任的担当。

后记

我正坐在公寓的一个房间里，面对电脑敲击着键盘。椅子是由塑料和铁制成的，桌子是由木材制成的。组成电脑的金属、玻璃、塑料、液体、内部的电子元件、电路板和电池都是由各种物质构成的。

环顾四周，我看到了作为建筑材料的混凝土、大大的窗户玻璃、空调、电视、冰箱、陶瓷和玻璃杯。我穿着用天然纤维（棉）或合成纤维制成的衣服，身旁放着书和智能手机。这些东西中有些是利用物理的知识和技术运行的，但无一例外都是由化学物质和材料制成的，这些都是迄今为止文明赐予我们的礼物。

除了天然存在的木材、用木材制成的纸张和棉质衣服之外，如果没有化学的知识和技术，很多东西都不会存在。正如本书中所展示的，铁、不锈钢和铝等金属，经过各种各样染料染色的石化合成纤维，陶瓷和塑料都是由物质和材料构成的，它们对世界历史产生了深远影响。如果没有它们，我们现在的生活会是什么样子？

再来聊一聊现在和不久的将来。

化学在未来有望帮助我们解决全球变暖问题。全球变暖不断加剧，这将在未来对全球气候变化产生重大影响。

全球变暖可能是由于人类活动增加，向大气层释放出了大量温室气体造成的。

而其中最主要的就是二氧化碳。在 18 世纪 60 年代开始的工业革命中，动力来源从人力、畜力和水力变为了化石燃料（煤、石油、天然气），另外，工厂、发电站、汽车、飞机以及日常生活中都开始排放大量的二氧化碳。

这些都是由于我们人类经济活动所造成的二氧化碳排放。

大气中的二氧化碳量已从工业革命前的 $280cm^3/m^3$ 增加到今天的 $400cm^3/m^3$。为了减少人类活动产生的二氧化碳和其他温室气体排放，有必要减少煤炭、石油和天然气等化石燃料的使用。今后，我们应该倡导节能，大力开发风能和太阳能等可再生能源。

在这些可再生能源中，氢能正在受到越来越多的关注。

因为它在使用过程中不会产生二氧化碳和污染空气的气体。然而，氢能的使用也面临着许多阻碍，如高效的大规模生产方法，低成本和安全的运输和储存，高效和低成本的应用技术，以及从生产到消费的基础设施建设，等等。

将光催化剂放在水中并暴露在阳光下时，可以将水分解产生氢气，有没有一种方法能够提高这种光催化剂的催化效率呢？有没有可能利用氢气和空气中的氧气产生电能，开发出一种低成本、易于使用的燃料电池呢？

……梦想还有很多。化学家和化学技术工作者们也在为开发出氢能新技术而不分日夜地努力着。

在这本书中，我们介绍了"化学"这一学科的进步，以及化学成果是如何影响人类历史的，其中既包含了积极影响，也包含了化学带给人类的伤害。

另外，其中也包括一部分生物学和物理学的内容。这也说明化学与生物学和物理学存在着一部分重叠。

我希望通过阅读这本书，你能看到世界历史和化学具有多么密切的联系，并希望你能对迷人的化学学科产生兴趣。

最后，对钻石社的田畑博文先生为本书出版提供的帮助表示衷心的感谢。

后记

左卷健男

2021 年 1 月

参考文献

[1] マイケル・ファラデー. ロウソクの科学. 竹内敬人訳. 東京：岩波書店，2010.

[2] ファインマン. ファインマン物理学Ⅰ：力学. 坪井忠二訳. 東京：岩波書店，1986.

[3] 山崎俊雄，大沼正則，菊池俊彦，等. 科学技術史概論. 東京：オーム社，1978.

[4] 田中実. 原子論の誕生・追放・復活. 東京：新日本文庫，1977.

[5] 田中実. 原子の発見. 東京：筑摩書房，1979.

[6] エピクロス. エピクロス：教説と手紙. 出隆，岩崎允胤訳. 東京：岩波文庫，1959.

[7] ルクレーティウス. 物の本質について. 樋口勝彦訳. 東京：岩波書店，1961.

[8] 田中実. 科学の歩み：物質の探求. 東京：ポプラ社，1974.

[9] 板倉聖宣. 原子・分子の発明発見物語：デモクリトスから素粒子まで. 東京：国土社，1983.

[10] 板倉聖宣. 科学者伝記小事典：科学の基礎をきずいた人びと. 東京：仮説社，2000.

[11] レスターH M. 化学と人間の歴史. 大沼正則，肱岡義人，内田正夫訳. 東京：朝倉書店，1981.

[12] ジョエル・レヴィー. 化学：錬金術から周期律の発見まで. 左巻健男，今里崇之訳. 大阪：創元社，2014.

[13] 左巻健男. 中学生にもわかる化学史. 東京：岩波書店，2019.

[14] 化学史学会. 化学史への招待. 東京：オーム社，2019.

[15] 安部明廣，重松栄一. 化学：物質の世界を正しく理解するために. 東京：民衆社，1996.

[16] 左巻健男. 新しい高校化学の教科書. 東京：講談社，2006.

[17] 長倉三郎等. 化学の世界：IA. 東京：東京書籍，2004.

[18] ラボアジエ. 化学のはじめ. 田中豊助，原田紀子訳. 東京：内田老鶴圃，1973.

[19] 馬場悠男. 私たちはどこから来たのか：人類700万年史. 東京：NHK出版，2015.

[20] 上田誠也，竹内敬人，松岡正剛. 理科基礎：自然のすがた・科学の見かた. 東京：

東京書籍，2003.

[21] 左巻健男 . 面白くて眠れなくなる人類進化 . 東京：PHP研究所，2015.

[22] 河合信和 . ヒトの進化：七〇〇万年史 . 東京：岩波書店，2010.

[23] 岩城正夫 . 原始時代の火：復原しながら推理する . 神戸：新生出版，1977.

[24] リチャード・ランガム . 火の賜物：ヒトは料理で進化した . 依田卓巳訳 . 東京：
NTT出版，2010.

[25] 加藤茂孝 . 続・人類と感染症の歴史：新たな恐怖に備える . 東京：丸善出版，
2018.

[26] マーク・ミーオドヴニク . 人類を変えた素晴らしき10の材料 . 松井信彦訳 . 東
京：インターシフト，2015.

[27] 春山行夫 . 春山行夫の博物誌Ⅵ：ビールの文化史1. 東京：平凡社，1990.

[28] 左巻健男 . 面白くて眠れなくなる元素 . 東京：PHP研究所，2016.

[29] 小畑弘己 . タネをまく縄文人：最新科学が覆す農耕の起源 . 東京：吉川弘文館，
2015.

[30] 山田康弘 . 縄文時代の歴史 . 東京：講談社，2019.

[31] 藤尾慎一郎 . 縄文論争 . 東京：講談社，2002.

[32] チャールズ・パナティ . はじまりコレクションⅡ：だから"起源"について . バ
ベル・インターナショナル訳 . 東京：フォー・ユー，1989.

[33] ニューガラスフォーラム . ガラスの科学 . 東京：日刊工業新聞社，2013.

[34] 宮崎正勝 . 世界史を動かした「モノ」事典 . 東京：日本実業出版社，2002.

[35] ペニー・ルクーター，ジェイ・バーレサン . スパイス、爆薬、医薬品：世界史を
変えた17の化学物質 . 小林力訳 . 東京：中央公論新社，2011.

[36] ジャレド・ダイアモンド . 銃・病原菌・鉄（上・下）. 倉骨彰訳 . 東京：草思社，
2012.

[37] 綿引弘 . 物が語る世界の歴史 . 東京：聖文社，1994.

[38] チャールズ・C・マン，レベッカ・ステフォフ . 1493：入門世界史 . 鳥見真生訳 . 東
京：あすなろ書房，2017.

[39] トーマス・ヘイガー . 歴史を変えた10の薬 . 久保美代子訳 . 東京：すばる舎，
2020.

[40] 船山信次 . 史上最強カラー図解：毒の科学　毒と人間のかかわり . 東京：ナツ
メ社，2013.

[41] ジェニファー・ライト . 世界史を変えた13の病 . 鈴木涼子訳 . 東京：原書房，
2018.

[42] デニス・チョン . ベトナムの少女：世界で最も有名な戦争写真が導いた運命 . 押

田由起訳.東京：文藝春秋，2001.

[43] レイチェル・カーソン.沈黙の春.青樹築一訳.東京：新潮社，1974.

[44] マルコG J，ホリングワースR M，ダーラムW.「サイレント・スプリング」再訪.波多野博行訳.東京：化学同人，1991.

[45] ソニア・シャー.人類五〇万年の闘い：マラリア全史.夏野徹也訳.東京：太田出版，2015.

[46] 江口圭一.日中アヘン戦争.東京：岩波書店，1988.

[47] 大原健士郎.現代のエスプリ：No.75麻薬.東京：至文堂，1973.

[48] エドワード・M・スピアーズ.化学・生物兵器の歴史.上原ゆうこ訳.東京：東洋書林，2012.

[49] 矢野暢.ノーベル賞：二十世紀の普遍言語.東京：中央公論社，1988.

[50] 宮田親平.愛国心を裏切られた天才：ノーベル賞科学者ハーバーの栄光と悲劇.東京：朝日新聞出版，2019.

[51] アミール・D・アクゼル.ウラニウム戦争：核開発を競った科学者たち.久保儀明，宮田卓爾訳.東京：青土社，2009.